传香卤味
教科书

林美慧　著

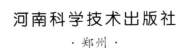

河南科学技术出版社

· 郑州 ·

目录

前篇

从头学做卤味

● 烹调说明

每道食谱中所标示的材料分量均为实际用量，包含不可食用部分，如肉类骨头、蔬果皮、果蒂、籽等；所有的食材请先洗净或冲净后再做处理，文中不再赘述。油炸时油量淹过食材即可。

● 计量说明

1大匙 = 15毫升 = 3小匙，若无大匙，可用一般喝汤的汤匙代替。

1小匙 = 5毫升，1碗 = 250毫升，1杯 = 240毫升

少许 = 略加即可，例如白胡椒粉、米酒等调味料。

适量 = 视个人口味增减分量，例如，习惯吃重口味的人可多放一些，喜欢清淡些的可少加一些。

第一篇

味道甘醇的酱卤

目录

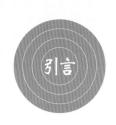

卤味飘香

　　每个人应该都会有记忆中的美味，而我记忆中的美味，是妈妈味道的卤味。记得小学一年级时，我得了麻疹，发高烧，一直昏睡且吃不下任何东西。依稀记得是黄昏的时候，妈妈悄悄拿着一只卤鸡腿来到我床边，唤着我的小名："阿慧！乖，快吃鸡腿，明天病就好了。"在那个物资匮乏的年代，想吃只鸡腿简直是天方夜谭，所以那只卤鸡腿对我来说，真是人间美味，且因了妈妈的爱，我心中充满幸福的滋味！

　　"卤味是最佳的家庭常备菜"。平时我总会卤上一大锅，可以下酒、下饭，甚至当零嘴吃。当年出版社邀请我写《卤味》一书时，我相当欣喜，因为这个主题一直是我很感兴趣的。卤味是既方便又讨人喜欢的熟食，虽可能人人会卤，但味道差别却很大。食材、香料、调味料、火候不同，就会呈现不同的风味。要卤出美妙好吃的卤味，也是一门大学问。

　　时隔多年，编辑再度邀我将原书重新编排修订，并加入我这几年新研发的私房卤味。我很开心可以在这本书中教你运用各具风味的卤汁，搭配最契合的食材，卤出香味四溢的一锅锅卤味！

前篇

从头学做卤味

卤味必用的辛香料、酱油的选用，卤制前的食材挑选及前处理，卤制过程中的小技巧，卤制后的浸泡和分切，让卤味加分的配菜及酱料，全部一一列出，千万别错过！

卤出香气的辛香料

卤汁常用的配合材料多为辛香料，辛香料最主要的功能是提香、去腥、增加甘甜味。香料药材在一般中药行或市场均有销售，建议寻找有政府许可的合格店家购买，品质更有保障。香料药材的基本选购和保存原则如下：

★ 若无法判断药材种类或测量分量，建议在确定食谱后，将药材名称及分量写在小纸条上，拿到有信誉的中药行进行配制。使用前记得用清水（冷开水更好）冲洗干净，去除灰尘、杂质，这样更为卫生安全。

★ 若干性药材（如甘草、肉桂等）有受潮发霉现象，湿性药材（如红枣、枸杞等）有黏手现象，最好不要购买。

★ 部分中药材虽为干燥后的成品，可长期保存，但必须在购买时询问中药行正确的保存期限，以免过期或丧失香气。

★ 中药材请放在通风处保存，若有湿性药材，因较容易发霉，建议密封后放在冰箱冷藏室侧门处保存。

辛香类香料

●葱

葱能去腥膻、增香，葱还有刺激机体消化液分泌的作用，能促进消化吸收。

●大蒜

是中式料理中非常重要的辛香料，使用频繁。具浓郁呛辣味，气味强烈。含蒜素，用于料理中可杀菌、去腥味、增香气。

●洋葱

有独特的辛辣味，除作为蔬菜食用外，还可用于调味、增香，具有杀菌、去腥、增进食欲、帮助消化的效用，长时间炖煮后会释放出甜味。

●老姜

具有杀菌、降低腥味的效用。与大蒜、辣椒相比，是较温和的提味材料，可消除肉类腥味。老姜辛辣味最浓、纤维最多，适合长时间炖煮。请在室温下存放，以肥大、硬实且重量较重的为优选。

●干辣椒|干朝天椒

干辣椒有提香增味功能，辣度依添加量而定，为麻辣及川味卤汁必备辛香料。朝天椒的身形较为细小短胖，辣度强烈；一般辣椒呈细长状，不那么辣。

●八角

又称大茴香，具甜味且香味浓郁，适合卤制肉类，是配制五香粉的原料之一。以形状完整，各角均裂开并露出淡褐色种子者为优选。密封得好约可保存两年。

●小茴香

香味强烈，有健胃效果，适用于牛、羊肉及内脏类食材，具有去腥、解腻功效，并有防腐作用。以呈黄褐色、颗粒娇小的为优选。

●枸杞

甘甜但不具香味，是烹调上常用的药材，具有提味效果。由于较甜不适合放太多，以免抢了食物的本味。

●桂皮

为肉桂树的树皮制成的香料，甘甜中夹带稍许苦涩，有明显增甜、调味与防腐作用，也是配制五香粉的基本原料之一。适合烹调腥味较重的料理，可去腥解腻，因其浓郁香气，在卤包中扮演相当重要的角色。以皮细肉厚、外表呈灰褐色者为优选。

●杜仲

味甘，性温，以色黑、湿润，横折会产生银白色绵丝状物者为优选，是补肝肾、强筋骨的好药材。

●山奈

又名沙姜，味道清香、性温，具有樟木香气，可平衡其他辛香料的味道，少有单独使用，是西式调味料中常用的香料。片状的多用于炖煮与红烧，磨粉的则用于烧烤，以外观白色者为优选。

●草果

为姜科植物的果实，味带辛辣、微苦，可减少肉类的腥味、增进香味，是云南人烹调不可缺少的香料。属搭配型香料，用量通常不多。以个大、饱满、气味辛香者为优选。

●当归

为温补药材，适合与肉类炖煮。甘辛中带点苦味，所以不能放太多，口感温润，具有增香效果。以肥大、多须根如马毛状、外皮呈褐紫色、内部呈黄白色者为优选。

●丁香

原名丁子香，外观像圆头钉子，香味浓郁强烈，具有辛辣味与些微苦味，但经过烹调味道会转为温和甘甜。可整粒或磨成粉末使用，作为消除肉类腥味的辛香料，是五香粉、印度咖喱粉的原料之一。

●甘草

香气温和、味道甘甜，具有调和与提味的作用，是卤包最天然的甜味来源，可减少肉的腥膻味。以皮薄带红色、笔直且味甘甜者为优选。

●桂枝

辛中带甘，能增加食物香味，以幼嫩、红棕色的为优选。

●参须

味清香、性温，适合与其他补气血的中药材一起卤制内脏类食材。

●黄芪

口感略甘甜，是最常使用的补气药材，能提升免疫力。因黄芪含油质，容易因温度冷热交叉变化而使表面或边缘处发霉，所以购买时需注意是否为冷藏品，买回后需密封冷藏保存。以外皮土黄色者为优选。

●红枣

味甘甜，烹调上常用于增加甜味，可以加强食物的美味，但勿加过多以免影响食物的原味。

●陈皮

橘皮晒干后即为陈皮，苦中带甘、微辛辣，能增加食物的甘甜，烹煮出味经肉类吸收，可减少肉腥味，是很棒的料理羊肉、内脏类去味香料。以颜色呈褐色、易折断、存放越久者为优选，需密封干燥保存。

●川芎

味道带点淡淡的香气，尝起来有点独特的风味，可消除食材的腥味，并增加其他药材的香气。以表皮黑褐色、内部黄白色的为优选。

调味料类香料

●月桂叶

又称甜桂叶，风味独特清香，可去腥防腐。叶子质地硬，略带苦涩味，烹煮后并不适合食用，料理完成即取出丢弃。

●胡椒粒

气味芳香，有刺激性与强烈辛辣味。依成熟度及烘焙程度不同而有绿色、黑色、红色及白色外观上的差别，也因此味道上略有差异。白胡椒的辣度与香气皆较淡，黑胡椒最浓。一般在肉类、鱼类的炖煮及腌渍食品的调味和防腐中，会使用整粒胡椒。密封约可保存1年。

●咖喱粉

由多种辛香料组合而成，辛辣程度取决于所使用的辛香料种类。烹调上具有增色效果，需炒香后使用才能完全散发出香气。食用后能刺激食欲、加速血液循环。

●花椒

具有强烈的芳香气味，味麻且辣，香味持久，有增香、解腻及去腥的功效。由于味道明显，多与其他辛香料混合以平衡味道。是川味、麻辣卤汁经常使用的辛香料，特级品是大红袍花椒。

●意大利混合香料

是混合性辛香料，包含奥勒冈叶、罗勒叶、迷迭香叶、蒜粒、红辣椒、马郁兰叶、洋香菜叶等香料，可去腥提味，广泛运用于西式料理。

●五香粉

用八角、桂皮、花椒、丁香、小茴香籽这五种材料磨成的粉，但不一定就是这五种材料，会因地方性而做改变，加入或替换为陈皮、豆蔻、干姜等。因酸、甜、苦、辣、咸五味平衡而取名。可用于炖制肉类，加入卤汁中可增味去腥，还可在五香粉中加盐作为油炸料理的蘸料。

卤味的"灵魂"——酱油

酱油是卤味的最佳调味料，更是关键素材，酱油会使食材在炖卤过程中慢慢产生迷人的香气，呈现漂亮的色泽。想要卤出一锅好味道来满足全家人的肠胃，该如何运用琳琅满目的酱油呢？通过下面的说明，你就能够做出正确的选择了。

酱油的制造方法

市面上酱油种类非常多，价格也因为制造方法不同而有所差别，大致可分为酿造酱油、水解酱油、速成酱油及混合酱油几类，成分说明中一般会标出"酿造"、"水解"、"速成"或"混合"等字样。建议购买时看看外包装标识，了解你所购买的酱油的制造方法。

酿造酱油

最适合用于中式炖卤的是酿造酱油。所谓酿造酱油，是指以黑豆或黄豆加上小麦作为主要材料，利用米曲霉菌来慢慢发酵，再借助食盐来达到防腐效果。由于使用天然材料发酵，因此制作时间较长，需要4~6个月；相应地，酿造酱油的香味也比较浓郁醇厚，口感甘醇却不会过于死咸。

水解酱油

水解酱油是把豆类中的蛋白质先以盐酸分解，再加入一些化学调味品制成的酱油，因此它的制作时间会快上许多，仅需3~5天；相应地，它的香味自然不及酿造酱油，口感也较咸。

速成酱油

速成酱油是以水解酱油添加经发酵及熟成的酱油成分而制成的。

混合酱油

混合酱油则是混合两种（含）以上的酱油制成的，一般以水解酱油为基础原料，再添加酿造酱油。此做法可以降低成本，但风味自然不及酿造酱油。此种酱油的制造方法是目前市场上的主流。

分辨手工酿造酱油和化学酱油的小方法

购买时要如何分辨化学酱油和手工酿造酱油呢？

除了价钱的差别外，你也可以利用下面的小方法来分辨：

看成分

酿造酱油成分单纯，而有"大豆酸水解物"等字眼的，则是化学酱油。

透光性

化学酱油没有透光性，手工酿造酱油具有透光性。

摇一摇看泡沫

摇动未开瓶的酱油，如果产生的泡沫比较大且很快消失，就是化学酱油；如果泡沫细致绵密，且很久才消散，则是手工酿造酱油。

林老师卤味严选酱油

　　酿造酱油需要经过长时间的发酵，因此它的价位比其他酱油高。但需要慢慢炖卤的料理，就要搭配这样的酱油才能使香味尽释而出，才不会越炖香味越淡薄或只剩下死咸味。要知道散发出浓郁香气的卤汁，才是令人垂涎欲滴的关键。

　　目前市售的酿造酱油中，黑豆酱油发酵后呈现深琥珀色且易透光，其口感较沉、香气也较为浓郁充分，而黄豆酱油发酵后呈现深褐色，同样也具有透光性。酿造酱油在保存上需要特别小心，因为不添加防腐剂，所以开瓶后必须放在冰箱中冷藏保存。

● 黑豆荫油

黑豆荫油是指以黑豆纯酿造的酱油。黑龙黑豆荫油由100%黑豆经古法120天日曝所酿造出的黑豆壶底酱汁调制而成。原汁纯度高、味道香浓、口感甘醇独特，不含防腐剂、味精、糖精、人工色素，亦无麸质过敏原。

根据所含壶底酱汁的比例，黑龙黑豆荫油分为不同的等级，所含壶底酱汁比例愈高，味道愈香愈甘醇，价格亦愈高。

● 壶底油

同样由100%黑豆古法酿造出的黑豆壶底酱汁调制而成。属于淡色酱油，所含壶底酱汁浓度较高，味道香浓、口感甘醇独特，不添加酱色，不含防腐剂等添加物。适合用在牛肉专用卤汁、胶冻卤汁和万峦猪蹄卤汁等卤汁中。

● 白荫油

由100%黑豆古法酿造出的黑豆壶底酱汁调制而成，有加水稀释，不添加酱色，属于淡色酱油，口感甘醇。适合做成汤底、卤煮，可保留食材原色。本书中不需要过于上色的广式凉卤汁、参须枸杞卤汁和卤白萝卜就用的白荫油。

● 老抽

老抽是香港人的称法，本书用在制作港式、广式卤汁和部分卤菜中。它属于深色酱油，由酱油发酵后再多放2～3个月，经沉淀过滤而成，因加了焦糖色素，所以外观呈带有光泽的深咖啡色。料理时用于上色，味道不咸并有甘甜味。推荐使用香港的"钜利酱油"，可网购或是在大型的超市购买；若买不到用其他品牌的老抽也没问题。

● 薄盐酱油

顾名思义是指咸度较低，含盐量在12%以下的酱油。黑龙的薄盐酱油由100%黑豆古法酿造出的黑豆壶底酱汁调制而成，原料单纯，最大的特色是无糖、无添加物，不含麸质过敏原。另一款低盐酱油则推荐"健淳薄盐酱油"，是由屏东科技大学教授研发，以古法酿造的天然酱油，味道甘醇，可上网购买。

这两款薄盐酱油都不添加代盐成分，因市面上部分薄盐酱油虽标榜低钠，但通常会使用钾离子取代钠，食用过多会对肾脏造成负担。

卤味好吃的诀窍

想将卤味既卤得好吃，卤出的色泽又光鲜诱人，有哪些重点需要学习呢？下面让林老师为你一一解说卤制前、卤制中、卤制后的注意事项和小技巧。

卤制前要知道的事

◆ 善选好食材

挑选食材以新鲜为最大原则，除了牛羊肉外，以本地食材为佳，其他建议如下。

鸡肉类

· 鸡分肉鸡、仿土鸡和土鸡。依照卤制的口感挑选鸡的种类，一般建议选用肉质较软嫩的肉鸡，若使用仿土鸡或土鸡，因其肉质较紧实，卤制的时间需要加长，口感上也会耐嚼一些；而盐水鸡是吃凉的，建议使用仿土鸡，做出来的鸡肉较有嚼头。

· 鸡胗主要看外表，新鲜的鸡胗呈红色或紫红色，很有弹性和光泽，质地厚实。

· 鸡肝宜选颜色淡黄的粉肝，口感比较软嫩可口；而深褐色的为柴肝，口感相对老硬。

· 鸡冠要选用公鸡冠，肉质厚实肥大，卤制后吃起来较有弹性；鸡爪要选肉和胶质多的鸡爪，口感较好。

牛肉类

总体来说，品质好的新鲜牛肉是鲜红色的，外观完整、肉质坚韧、肉纹纤细，看起来比较潮润，有定量的脂肪，脂肪是奶油色或白色（美国牛是白色，澳大利亚牛偏黄色）。如果是选购冷藏牛肉，颜色暗红或暗淡的不好，要挑选肉色鲜红有光泽、没有血水渗出的，肉的纤维细致、脂肪鲜白、油花密集且分布均匀，看起来像大理石纹路的为佳。

书中使用牛腱居多，牛腱分五心花腱和腱心两个部位，以腱心为上品，其筋纹紧实且分布均匀，既不会太肥也不会太涩，卤制过程中不易松散。澳大利亚牛吃牧草，腱心的肉质较硬；美国牛吃玉米，腱心的肉质较松软，容易熟，可依个人喜欢的口感挑选。

猪肉类

猪肉挑选以外表浅鲜红色、无黏液、纹路清楚、有弹性，闻起来没有腥臭味为原则，并注意以下细节。

· 猪皮要选猪背部的皮，比较厚实，也较好处理，成品口感耐嚼些，不要选腹部的皮，较薄易烂。此外猪毛干净者为佳。

· 猪心挑选时可先闻一闻，新鲜的只有很淡的味道，不新鲜的腥味很重；新鲜的猪心外观呈红色或淡红色，摸起来有弹性，脂肪为乳白色或微带红色。

· 猪肝要挑选较饱满且呈粉红色的粉肝，口感比较软嫩；切勿选用较深色的柴肝，因为柴肝瘦且口感较硬。

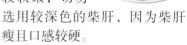

· 粉肠宜挑选白嫩肥大、没有苦味的，这样选出来的粉肠较新鲜。可从里面的黏液是不是黄色的来判断，黄色的会苦。

· 猪蹄可依卤制的方法和喜欢的口感来挑选，喜欢吃肉多的，就选前蹄；若喜欢吃薄皮带筋的就选后蹄。

鸭肉类

挑选外观深红色，肉质光滑，用手直接按压有弹性，闻起来有鸭肉的鲜味的。鸭翅和鸭胗也以此原则判断。

海鲜类

海鲜类不适合久卤，书中只使用头足类海鲜，即透抽、花枝和小卷这三种。应挑选外皮完整、身体透明、两侧薄膜不容易被撕破的；此外选花枝时还可以观察其触角是否有黏性，黏性愈强表示愈新鲜。

豆制品和甜不辣

豆制品要挑选使用非转基因黄豆制作的，卤出来的豆制品口感较好也较健康。

· 豆干要挑有厚度、黄豆的香气足、摸起来软的；五香豆干则要选外观颜色较深、五香味重的。

· 素鸡要挑选摸起来比较软的。

· 豆皮建议买直接炸好的，可省却前处理，要挑选含油量较少的产品，判断方式为用手拿起来比较轻的为佳。

· 甜不辣分圆片和条状的，都要选摸起来软的。圆片要选较厚实的，条状的则选较胖的，吃起来口感较好。

◆ 肉类前处理

肉类和内脏类卤制前都要清洗干净，去除杂质，去除不可食用的部位和细毛，放入滚水中汆烫去血水。只不过有些是把需要特别洗净的部位洗后再放入滚水中汆烫；而有些则是先汆烫，然后趁热拔除细毛，或是切除、刮除不能食用的部位。这里分别整理如下。

先处理再汆烫

● 猪心拉出连接管后剪掉，挤出血液后冲洗干净。

● 肥肠用清水洗净后，利用筷子将肠子翻转，再用3大匙面粉及1大匙盐反复抓洗，反复冲水直到没有黏液，再放入滚水中汆烫。

● 鸡脖子揭掉外皮、去除脂肪。

● 鸡爪剁去趾甲。

● 鸡胗和鸭胗剪去表面多余的脂肪，再用清水反复搓洗。

● 鸭舌需特别清洗喉管内侧的污秽。

● 猪肝用牙签刺入表面，让淤血流出，再浸泡于清水中，反复换水直到水不再混浊。

先汆烫再处理

● 猪舌要特别处理舌苔，汆烫后再刮更容易刮掉，若不清除吃起来会有苦涩味。先用利刀把舌骨切除，再汆烫、冷却，清洗喉管内侧的污秽，刮掉白色的舌苔。

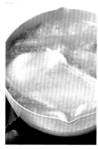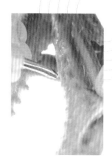

● 猪皮汆烫后放凉，用刀刮除肥油，并将猪毛拔光洗净。

● 猪耳朵汆烫后，用小利刀刮除内部污秽，再用清水反复搓洗干净。

● 鸭翅汆烫好，捞起用夹子拔去细毛。

● 鸡冠、鸡屁股和猪尾巴先汆烫，再拔去细毛。

◆ **选择适宜的锅具**

尽量避免使用铝制锅具，以免产生对人体不好的化学物质。建议使用砂锅或陶锅卤制，不仅可以保温，而且适合长时间卤制，还可彰显卤味的香浓滋味；同时建议锅具容量要大，也可使用不锈钢深锅，可让食材均匀受热及着色。

◆ **巧用棉布袋**

将辛香料装入棉布袋中，可避免辛香料散落整个卤锅，或黏附于卤制的食材上，捞起来、吃起来都不方便。林老师操作时，一定会把小颗粒的花椒、小茴香和桂枝放入棉布袋中，而八角和甘草这种个头大一些、容易取出的，用量少时就没有包起来。

卤制中要知道的事

◆ 卤制的火候

一开始放入食材先以大火煮滚，再视各食谱标示的火候转中火或小火，继续保持微滚的状态，以免食物没有入味或过于软烂而粘锅。需要长时间卤的食材用小火或文火（炉心火）卤，才能逐渐入味。如果使用大火，汤汁很快收干，食材还没入味；尤其肉类遇高温，蛋白质立刻收缩，肉质会变硬，吃起来会过于咸重，缺乏甘味。

大火	中火	小火
大火的火焰高，延伸到锅子外面，亮度、热气强。用大火短时间加热，能快速煮滚。	中火的火焰略微延伸到锅子外面，光微亮、热气大，一般多用于烧煮食材。	小火的火焰不会延伸到锅外，光暗、火焰小、热气相对弱，通常用于耗时较久的烹调方式。炖煮正是需要小火慢慢煮至食材变软及入味。

◆ 卤食材的顺序

一次卤一大锅卤味，应注意按照食材煮熟所需时间分别放入。同类别的肉类及内脏类可一起卤，其他类别的肉类若没有太特殊或重的味道，也可以同锅放入。基本上需要长时间卤的肉类、内脏类先入锅，后续再加入短时间即可卤好的豆制品类、花生、海带、甜不辣和蛋等。

但加入上述卤制时间短的食材一起卤后，卤汁只宜使用一次，所以卤汁若计划再使用，建议取出适量卤汁单独卤这些食材，以免影响卤汁的后续使用。

单独或最后卤的食材

豆制品类：包含豆干、豆皮、百叶豆腐等，会释放出酸味，使卤汁酸掉。
海带：会使卤汁变黏稠。
海鲜类、甜不辣：会让卤汁带腥味。
蛋：会带走卤汁的香气。

◆ 卤制时间的计算

卤制时间的计算方式，是在放入材料，并将卤汁再度煮滚后才开始计算。

◆ 不要翻动食材

在卤制过程中尽量不要一直翻动食材，以防食物破皮或碎裂。

◆ 食材完全浸泡

卤的过程中食材务必完全泡入卤汁中，才能均匀吸入卤料精华。若食谱中的卤汁分量标示为"适量"，则取用可盖过食材1～2厘米的量；若食材体积较大，建议切小后再放入锅中卤制。

◆ 捞除浮沫

卤制过程产生的浮油、肉渣及杂质务必去除，卤汁才不会浑浊。如果是重复使用的卤汁，在卤制前也要先去除表面的浮油，这样可避免产生异味，卤好的食材也不容易变质，可延长保存期限。

◆ 加锅盖让食材卤透

除了豆制品类加盖恐造成蜂眼（孔洞）外，大部分食材卤时最好盖上锅盖。在大火煮滚后转小火的同时盖上锅盖，使热气在锅内循环，可缩短卤制时间，食材容易卤透，而且汤汁蒸发得也比较少。

卤制后要知道的事

◆ 浸泡增加美味

卤味主要靠浸泡入味，食材若卤制太久会过于软烂影响口感，浸泡可让卤制"适可而止"，继续发挥催熟食材并让其更加入味的作用。在卤制过程中，食材的毛细孔受热张开，并释放出天然鲜味，鲜味与卤汁经熬煮后会充分混合，这时候便需要通过熄火浸泡的环节，让食材再吸入鲜美的卤汁，这便是卤味中很重要的"原汁原味"的功夫。

◆ 使用干燥的夹取用具

务必使用干净无水的汤匙或筷子夹取卤味，否则会污染卤汁。

◆ 浸泡过程要连同卤包一起泡

浸泡时要连同卤包一起泡才有香气，浸泡时间达到后再把卤包和卤好的食物一起取出。当然也要注意卤包泡太久会有涩味，特别是八角放得比较多的情况下。

此外，浸泡时要盖锅盖，保留热度，让食材继续熟成，也可避免灰尘掉落与食材风干，让卤味表面变得黑乎乎的。

◆ 卤好的食材分切时机

肉类建议放凉后切，这样比较好切，肉也不会散开。必须热切的话一定要用利刀。豆制品类、海带、蛋类和甜不辣则冷切、热切皆可。

关于卤汁的问答

问：煮卤汁要先爆香辛香料吗？

答：有的卤汁做法是先爆香葱姜，再加调味料和卤包。而林老师的方式是不爆香辛香料，因食材中含有肉类，卤制的过程中，香料的香气和肉的鲜味会慢慢煮出来，所以卤汁是先煮滚，再加入食材一起卤制，一样可带出香料的香味。

问：需要炒糖色吗？

答：有些卤汁做法强调一定要炒糖色，才能让卤出来的卤味色泽漂亮。而林老师不炒糖色，直接使用品质好、纯正的天然酱油，做法简单方便，一样可卤出色泽诱人的卤味。

◆ 卤汁和卤味的保存

目前市面上品质优异的密封袋与保鲜盒使我们保存食物越来越方便，也大大延长了食物的保存期限。针对卤汁和卤味，哪些情况可以使用它们呢？冷藏或冷冻保存时又有哪些注意事项呢？

- 卤制浸泡完成的卤味应立即取出食用或保存，如此才能品尝到卤味的最佳滋味；若长期泡于卤汁中，卤味会因吸入过多的卤汁而太咸。

- 未食用完的或已撒上葱末、淋上调味料的卤味，则需先用热水冲过再保存。食用前取出适量卤汁煮滚，再把它们放进去稍微加热后即可食用。

- 当卤味吃不完时可装入密封袋或保鲜盒中，放入冰箱冷藏保存。卤味取出后，若想保存卤汁，要捞出卤包、滤除杂质，再装入容器或密封袋中，以免食物的残渣让卤汁酸败。卤汁放入冰箱冷冻，可保存1个月，下次可再使用。

- 卤味的好吃与否取决于卤汁的新鲜与美味度，林老师建议除了牛肉专用卤汁及少数卤汁可用2次外，其余卤汁最好当次用完。因为考虑到家庭不需要放太多卤汁占用冰箱空间，且所谓的老卤，第二次使用风味虽佳，但浓度已被稀释，还是要加香料和调味料自行调整味道，所以建议每次还是新煮卤汁为好。

关于卤汁的问答

问：卤汁要用高汤制作吗？

答：有些做法会强调卤汁一定要用高汤，但林老师大部分是用水，因为卤制过程中肉的鲜味就会进入卤汁中，若再用高汤会过于油腻；除非卤的食材没有肉类才用高汤，或是胶冻卤味要吸入卤汁，为了增加鲜味才用高汤。

问：卤的时候卤汁不够怎么办？

答：卤制时，只要做到卤汁盖过食材1～2厘米，盖上锅盖，火候用中火或小火，基本上卤汁是够的。若实在不够，可用同食谱配方比例的酱油、水调和，加入锅中，再视味道加入糖做调整。

卤味加分的好配菜

卤味吃多了可能会有点腻，这时候不妨搭配美味的泡菜或凉拌菜一起食用，保证令你胃口再开。以下提供8种不同风味的好吃配菜，可随个人喜好酌量制作，制作后可装入密封罐中，放入冰箱冷藏保存。想吃时用干净无水的工具夹取，避免污染。

◢ 炒酸菜

赏味期：冷藏4天

材料 酸菜丝600克、姜末1大匙、辣椒2根

调味料 沙拉油4大匙、酱油1大匙、细砂糖3大匙

做法

1. 酸菜丝放入清水中浸泡5分钟以去除咸味，反复洗净后沥干水；辣椒切末，备用。

2. 取锅，放入酸菜丝，以小火干锅煸炒至水分蒸发、香味散出后，盛出。

3. 原锅加4大匙沙拉油，放入姜末、辣椒末炒香，再放入酸菜丝一起拌炒片刻，最后加入酱油、细砂糖炒匀即可。

好吃秘诀

GOOD IDEA

* 酸菜又酸又咸，必须浸泡去除咸味，但若泡太久又会丢失酸菜的独特味道，所以建议保留些许原味。
* 酸菜丝先用干锅煸炒，可增添香气。
* 调味料中的糖量要视酸菜的酸咸度做调整，不一定要全部放入。
* 酸菜本身有咸味，因此不需要加盐，如咸度不够，酱油的量可增加。

◢ 广东泡菜

赏味期：冷藏7天

材料

白萝卜1个、胡萝卜半个、小黄瓜3根、辣椒1根

调味料

A 盐2大匙

B 细砂糖半杯、白醋半杯、冷开水1杯

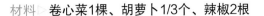

◆卷心菜泡菜

赏味期：冷藏7天

材料▷ 卷心菜1棵、胡萝卜1/3个、辣椒2根

调味料▷ A 盐1大匙
　　　　 B 细砂糖半杯、白醋半杯、冷开水半杯

做法▷

① 卷心菜对剖两半后一层层剥开，撕成片状，加入盐腌至软化，滤除涩水备用。

② 胡萝卜去皮切丝；辣椒去蒂切斜段，备用。

③ 将调味料B拌匀，加入所有材料拌匀，浸泡4小时至入味即可。

◆白萝卜泡菜

赏味期：冷藏7天

材料▷ 白萝卜1个、小辣椒2根

调味料▷ A 盐1小匙
　　　　 B 细砂糖2大匙、白醋3大匙

做法▷

① 白萝卜去皮后切成薄片，加入盐腌至软化，滤除涩水；小辣椒切末，备用。

② 将调味料B拌匀，加入所有材料拌匀，浸泡1小时至入味即可。

做法▷

① 白萝卜、胡萝卜去皮后切小块，加入1大匙盐腌至软化，滤除涩水备用。

② 小黄瓜去头尾后切小块，加入1大匙盐腌至软化，滤除涩水；辣椒切片，备用。

③ 将调味料B拌匀，加入所有材料拌匀，腌泡一夜至入味即可。

◆韩国泡菜

赏味期：冷藏3~6个月

材料▷

山东大白菜1棵、胡萝卜丝60克、
苹果1个、洋葱半个、大蒜4瓣、
养乐多2瓶

调味料▷

A 盐2大匙

B 鱼露4大匙、细砂糖4大匙、
韩国辣椒粉2大匙

做法▷

① 大白菜对剖两半后一层层剥开，再切大
片，加入盐腌至软化，滤除涩水备用。

② 苹果去皮去核后切丁，洋葱切丁，大蒜
去膜后拍碎，备用。

③ 将苹果丁、洋葱丁、大蒜碎、养乐多放
入果汁机中打成泥状，倒出与胡萝卜
丝、调味料B拌匀，即为腌酱。

④ 取1个有盖的大容器，将腌软沥干水的
大白菜与腌酱充分拌匀，盖上盖子，先
在常温下放置3天左右使其发酵，再放
入冰箱冷藏保存即可。

◆渍小黄瓜

赏味期：冷藏1天

材料▷ 小黄瓜3根、辣椒1根

调味料▷ A 盐1大匙

B 细砂糖2大匙、白醋3大匙

做法▷

① 小黄瓜去头尾后用锯齿刀切小片，加入盐腌至
软化，滤除涩水，用冷开水冲洗并沥干水；辣
椒切圈状，备用。

② 将调味料B拌匀，加入所有材料拌匀，浸泡2小
时至入味即可。

◆炒酸豇豆

赏味期：冷藏3天

材料 ▷ 酸豇豆300克、辣椒1根 、水2大匙

调味料 ▷ 沙拉油3大匙、砂糖1小匙

做法 ▷

① 酸豇豆略为泡洗，切去头尾后再切成0.5厘米长的小段；辣椒切圈状，备用。

② 起油锅，加入3大匙油，放入辣椒拌炒片刻，再放入酸豇豆拌炒，加2大匙水、糖拌炒均匀即可。

自制酸豇豆

赏味期：半个月

材料 ▷

A 细嫩长豆角600克、八角2粒、花椒1小匙、白酒（或高粱酒）2大匙

B 盐37.5克、冷开水1000毫升

做法 ▷

① 长豆角洗净，完全沥干水；盐和冷开水拌匀至盐溶化。

② 取一干净的玻璃罐，将长豆角盘绕放入，再加入做法①溶化的盐水（水要盖过食材）、八角、花椒及酒。

③ 密封置于阴凉处发酵至酸，1星期左右即可。

GOOD IDEA 好吃秘诀
使用生水浸泡，豆角容易坏，要用冷开水。

◆黄金泡菜

赏味期：冷藏1个月

材料 ▷ 卷心菜1000克、胡萝卜1根、大蒜4瓣

调味料 ▷ A 盐1大匙

B 白醋半杯、细砂糖半杯、白芝麻酱4大匙、韩国辣椒粉1大匙

做法 ▷

① 卷心菜剥成大片后洗净，再撕成小片，加盐轻轻拌匀，待软化后倒去涩水、充分沥干。

② 将胡萝卜去皮刨丝，大蒜切碎，备用。

③ 将胡萝卜丝、蒜末和调味料B放入果汁机中打成稀糊状，备用。

④ 将软化的卷心菜叶及做法③的酱汁充分混合，装入玻璃罐中，置于冰箱冷藏，第二天即可食用。

GOOD IDEA 好吃秘诀
白芝麻酱要使用日式芝麻酱，这样做出来的泡菜颜色才不会太深，而且口感滑顺、风味浓郁。

卤味加分的好搭档

虎豹酱

分量：1500克　赏味期：2~3个月

材料

朝天椒600克、蒜末300克、虾米78克、平鱼75克

调味料

A　香油300毫升、沙拉油300毫升
B　素蚝油2大匙、盐1大匙、冰糖1大匙

做法

1. 朝天椒去蒂洗净沥干水，用料理机打碎。
2. 虾米用酒（分量外）泡软，沥干水后切碎。
3. 平鱼放入160℃的油锅中，以小火炸酥，取出后用刀背或汤匙压碎。
4. 起油锅，加入香油、沙拉油，先放入虾米末以小火炒香，再放入蒜末、朝天椒炒约20分钟，加入平鱼酥碎及调味料B拌匀即可。

GOOD IDEA 好吃秘诀

* 炒辣椒的油加了香油，有提香、增加香气的效果。
* 虎豹酱加虾米末及平鱼酥碎，有一股独特的海味，提鲜、味美。

4-1　4-2　4-3
4-4　4-5　4-6
4-7　4-8

◆ 辣椒酱

分量：1500克　赏味期：2~3个月

材料▷ 朝天椒300克、大辣椒300克、蒜末300克

调味料▷

A 香油300毫升、沙拉油30毫升

B 酱油1大匙、素蚝油2大匙、糖2大匙、盐1大匙

做法▷

① 两种辣椒去蒂洗净沥干水，切末或用料理机打成粗末。

② 起油锅，加入香油、沙拉油，先放入蒜末以小火炒香，再放入辣椒拌炒20分钟左右，加入调味料B拌匀即可。

好吃秘诀
GOOD IDEA

* 炒时还可以加入豆豉，增加甘香味。
* 搭配使用辣度最强的朝天椒和一般的红辣椒，这样做出来的辣椒酱辣度更有层次，而且也不会太辣。

◆ 麻辣酱

分量：1500克　赏味期：2~3个月

材料▷

朝天椒600克、大红袍花椒半碗、蒜末300克

调味料▷

A 香油300毫升、沙拉油300毫升

B 素蚝油2大匙、盐1大匙

做法▷

① 朝天椒去蒂洗净沥干水，用料理机打碎。

② 起油锅，加入香油、沙拉油，放入花椒，以小火炒香，捞出花椒后即是花椒油。

③ 将蒜末、朝天椒放入花椒油中，以中小火继续炒约20分钟，加入调味料B拌匀即可。

味道甘醇的酱卤

卤汁强调以酱油上色，
卤出甘醇、充满酱香的经典卤味

万用卤汁

通常以市售综合卤包所制作的卤汁就是万用卤汁，最常使用的辛香料是八角、小茴香、桂皮、甘草和花椒等，其中花椒的分量很少，主要是提味；而林老师的万用卤汁额外用了丁香、山奈，以增加卤汁的香气。这款卤汁香味浓郁、味道甘甜，适合卤制各种食材，因此称为万用卤汁。

· 最速配的食材：皆可
· 适合食用方式：■冷食 ■热食 ☑皆可
· 卤汁使用次数：1次
· 卤汁保存方法：不保存

卤料

A 小茴香3.75克、桂皮3.75克、花椒1.875克、丁香1.125克、山奈1.125克、八角3粒、甘草3片

B 葱2根、辣椒2根、姜4片、米酒4大匙、酱油1杯、水4~5杯、冰糖4大匙

做法

1 将卤料A装入棉布袋中，收口绑紧。

2 葱拍扁后切大段，辣椒切末，备用。

3 取一深锅，放入卤料A和卤料B煮滚，即为1份万用卤汁。

卤汁增香技

◆ 市售卤包可在中药行或超市购买，要挑选香气较足的卤包。

注意事项

◆ 浸泡好食材后要取出香料包，泡太久卤汁会有苦涩味。

◆ 1个卤包可卤1200~1800克肉，若食材分量多，就照倍数增加卤料的分量。若用万用卤汁一次卤一大锅，食材放入的顺序为肉类、内脏类。豆制品类和海带要取出卤汁单独卤制。

◆ 要视个人口味及使用的酱油咸度调整卤汁中的水量。

◆ 不吃辣者可以不添加辣椒，品尝单纯的酱香。

◆卤鸡翅

卤制火候：小火　加盖：○
卤制时间：20分钟　浸泡时间：20分钟

材料▷鸡翅600克　卤汁▷万用卤汁1份

做法▷

① 鸡翅放入滚水中汆烫，捞起沥干水备用。

② 将万用卤汁大火煮滚，放入鸡翅，煮滚后改小火，盖上锅盖卤约20分钟，熄火。

③ 浸泡约20分钟至入味，取出后盛盘。

好吃秘诀
GOOD IDEA
这里选用白肉鸡的鸡翅，若使用仿土鸡或土鸡的鸡翅，因其肉质较紧实，卤制的时间需要增加5分钟。

◆卤鸡腿

卤制火候：中小火　加盖：○
卤制时间：20分钟　浸泡时间：20分钟

材料▷鸡腿600克　卤汁▷万用卤汁1份

做法▷

① 鸡腿放入滚水中汆烫，捞起洗净，沥干水备用。

② 将万用卤汁大火煮滚，放入鸡腿，煮滚后改中小火，盖上锅盖卤约20分钟，熄火。

③ 浸泡约20分钟至入味，取出后盛盘。

好吃秘诀
GOOD IDEA
卤鸡腿的火候不宜过大，否则鸡腿皮容易破裂而影响外观。

♦卤鸡胗

卤制火候：中小火
加盖：○
卤制时间：20分钟
浸泡时间：20分钟

材料▷鸡胗10个

卤汁▷万用卤汁1份

做法▷

①鸡胗剪去多余脂肪，用清水反复搓洗后，放入滚水中氽烫，捞起洗净，沥干水备用。

②将万用卤汁大火煮滚，放入鸡胗，煮滚后改中小火，盖上锅盖卤约20分钟，熄火。

③浸泡约20分钟至入味，取出后盛盘。

好吃秘诀

GOOD IDEA

＊鸡胗多余的脂肪可请摊贩老板代为处理。

＊鸡胗因表面带少许硬筋膜，食用起来富有嚼劲；若要更软烂，卤制时间必须延长10分钟。

好吃秘诀

＊ 要选肥胖的鸡爪，肉和胶质多，口感好。

＊ 要用文火卤，否则鸡皮容易破裂；卤制完成后需一只一只摊开放凉，冷却后表面的胶质才不会黏在一起。

◆卤鸡脖子

卤制火候：小火　加盖：○
卤制时间：20分钟　浸泡时间：20分钟

材料▷**鸡脖子6个**　卤汁▷**万用卤汁1份**

做法▷

① 鸡脖子揭掉外皮、去除脂肪，放入滚水中汆烫，捞起洗净，沥干水备用。

② 将万用卤汁大火煮滚，放入鸡脖子，煮滚后改小火，盖上锅盖卤约20分钟，熄火。

③ 浸泡约20分钟至入味，取出后盛盘。

◆卤鸡爪

卤制火候：文火　加盖：○
卤制时间：40分钟　浸泡时间：40分钟

材料▷**鸡爪600克**　卤汁▷**万用卤汁1份**

做法▷

① 鸡爪剁去趾甲，处理干净，放入滚水中汆烫，捞起洗净，沥干水备用。

② 将万用卤汁大火煮滚，放入鸡爪，煮滚后改文火，盖上锅盖卤约40分钟，熄火。

③ 浸泡约40分钟至入味，取出，一个一个分开摊于大盘中放凉即可。

◆卤百里香

卤制火候：中小火
加盖：○
卤制时间：10分钟
浸泡时间：10分钟

材料▷鸡屁股600克

卤汁▷万用卤汁1份

做法▷

① 鸡屁股放入滚水中汆烫，捞起拔去细毛，洗净沥干水备用。

② 将万用卤汁大火煮滚，放入鸡屁股，煮滚后改中小火，盖上锅盖卤约10分钟，熄火。

③ 浸泡约10分钟至入味，取出后盛盘。

GOOD IDEA 好吃秘诀
可将卤过的鸡屁股用竹扦穿成串，放入烤箱以170℃烤约10分钟至表面酥香，更能增添美味。

◆卤鸡卵

卤制火候：小火
加盖：○
卤制时间：5分钟
浸泡时间：10分钟

材料▷鸡卵2串

卤汁▷万用卤汁1份

◆卤鸡肝

卤制火候：小火　加盖：○
卤制时间：10分钟　浸泡时间：10分钟

材料▷**鸡肝600克**　卤汁▷**万用卤汁1份**

做法▷

① 鸡肝处理干净，放入滚水中汆烫，捞起沥干水备用。

② 将万用卤汁大火煮滚，放入鸡肝，煮滚后改小火，盖上
锅盖卤约10分钟，熄火。

③ 浸泡约10分钟至入味，取出后盛盘。

GOOD IDEA **好吃秘诀**

鸡肝宜选择颜色淡黄的粉肝，口
感比较软嫩可口；而深褐色的是
柴肝，口感较为老硬。

做法▷

① 将万用卤汁大火煮滚，放入洗
净的鸡卵，煮滚后改小火，盖
上锅盖卤约5分钟，熄火。

② 浸泡10分钟，取出后盛盘。

31

♦卤鸭翅

卤制火候：**小火**　加盖：○
卤制时间：**40分钟**　浸泡时间：**40分钟**

材料▷鸭翅6个（约600克）

卤汁▷万用卤汁1份

做法▷

① 鸭翅放入滚水中汆烫，捞起拔去细毛，洗净沥干水备用。

② 将万用卤汁大火煮滚，放入鸭翅，煮滚后改小火，盖上锅盖卤约40分钟，熄火。

③ 浸泡约40分钟至入味，取出后盛盘。

好吃秘诀

GOOD IDEA

鸭翅上的细毛必须用夹子拔除干净，不然卤制后会影响卤汁及口感。汆烫过后较易拔除细毛。因为鸭翅的肉质比较硬，所以卤制、浸泡的时间比鸡翅久。

好吃秘诀

要选用公鸡冠，公鸡冠肉质厚实肥大，卤制后吃起来较有弹性。

◆ 卤鸡冠

卤制火候：小火　加盖：○
卤制时间：10分钟　浸泡时间：10分钟

材料▷**鸡冠5个**　卤汁▷**万用卤汁1份**

做法▷

① 鸡冠放入滚水中汆烫，捞起拔除细毛，洗净沥干水备用。

② 将万用卤汁大火煮滚，放入鸡冠，煮滚后改小火，盖上锅盖卤约10分钟，熄火。

③ 浸泡约10分钟至入味，取出后盛盘。

◆卤鸭舌

卤制火候：中小火　加盖：○
卤制时间：20分钟　浸泡时间：无

材料▷ 鸭舌600克

卤汁▷ 万用卤汁1份

做法

① 鸭舌清洗喉管内侧的污秽，放入滚水中汆烫，捞起洗净，沥干水备用。

② 将万用卤汁大火煮滚，放入鸭舌，煮滚后改中小火，盖上锅盖卤约20分钟，取出后盛盘。

好吃秘诀 GOOD IDEA

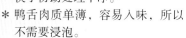

* 鸭舌喉管内侧的污秽不易清洗，可用筷子协助处理干净。

* 鸭舌肉质单薄，容易入味，所以不需要浸泡。

好吃秘诀

＊ 鸭肠买回来后只需要
　余烫去腥即可卤制，
　因为鸭贩通常会先处
　理干净后再出售。

＊ 鸭肠也可不绑小束，
　直接卤，卤好后再切
　小段。

◆ 卤鸭肠

卤制火候：小火

加盖：○

卤制时间：10分钟

浸泡时间：10分钟

材料▷ 鸭肠600克

卤汁▷ 万用卤汁适量

做法▷

① 鸭肠放入滚水中余烫，捞出沥干水备用。

② 将鸭肠绑成小束，备用。

③ 取适量万用卤汁（盖过鸭肠2厘米）大火煮
　滚，放入鸭肠，煮滚后改小火，盖上锅盖卤
　约10分钟，熄火。

④ 浸泡约10分钟至入味，取出放凉后盛盘。

卤猪蹄筋

卤制火候：中小火
加盖：○
卤制时间：8分钟
浸泡时间：8分钟

材料▷水发猪蹄筋600克

卤汁▷万用卤汁1份

做法▷

① 猪蹄筋放入滚水中汆烫，捞起沥干水备用。

② 将万用卤汁大火煮滚，放入猪蹄筋，煮滚后改中小火，盖上锅盖卤约8分钟，熄火。

③ 浸泡约8分钟至入味，取出切小段（不切亦可）后即可盛盘。

卤猪腱

卤制火候：中小火
加盖：○
卤制时间：30分钟
浸泡时间：30分钟

材料▷猪小腱6个（约600克）

卤汁▷万用卤汁1份

好吃秘诀

GOOD IDEA

蹄筋是猪的后蹄筋，可以跟猪肉摊预订新鲜蹄筋或到传统市场购买发好的蹄筋。发好的蹄筋因本身已经胀发软烂，所以不需要久煮，否则外观会成烂糊状。

◆卤猪耳朵

卤制火候：中小火　加盖：○
卤制时间：50分钟　浸泡时间：50分钟

材料▷猪耳朵2副　　**卤汁**▷万用卤汁1份

做法▷

① 猪耳朵用小利刀刮除内部污秽，用清水反复搓洗干净，放入滚水中汆烫，捞起洗净，沥干水备用。

② 将万用卤汁大火煮滚，放入猪耳朵，煮滚后改中小火，盖上锅盖卤约50分钟，熄火。

③ 浸泡约50分钟至入味，取出放凉切薄片后盛盘。

林老师说卤味　卤猪耳朵加入适量花椒粉、辣油、香菜末和辣椒末拌匀，即为麻辣耳丝，是嗜辣者的一大享受，亦是下酒佳肴。

做法▷

① 猪腱放入滚水中汆烫，捞起沥干水备用。

② 将万用卤汁大火煮滚，放入猪腱，煮滚后改中小火，盖上锅盖卤约30分钟，熄火。

③ 浸泡约30分钟至入味，取出切片后盛盘。

林老师说卤味　猪腱有大腱、小腱之分，猪小腱俗称老鼠肉，带有少许筋膜，油脂较少，肉质具弹性，口感比较筋道。

◆卤粉肠

卤制火候：中小火
加盖：○
卤制时间：40分钟
浸泡时间：20分钟

材料▷ **猪粉肠1副**

卤汁▷ **万用卤汁适量**

做法▷

① 粉肠放入滚水中氽烫，捞起沥干水备用。

② 取适量万用卤汁（盖过粉肠2厘米）大火煮滚，放入粉肠，煮滚后改中小火，盖上锅盖卤约40分钟，熄火。

③ 浸泡约20分钟至入味，取出剪小段后盛盘。

GOOD IDEA 好吃秘诀
粉肠宜挑选白嫩肥大、没有苦味的，这样选出来的粉肠较新鲜。可从里面的黏液是不是黄色的来判断，黄色的会苦。

◆卤鸡心

卤制火候：中小火
加盖：○
卤制时间：10分钟
浸泡时间：10分钟

材料▷ **鸡心600克**

卤汁▷ **万用卤汁1份**

◆卤喉管

卤制火候：中小火　加盖：○

卤制时间：1小时30分钟　浸泡时间：20分钟

材料▷ **未发喉管600克**　卤汁▷ **万用卤汁半份**

做法▷

① 将喉管洗净放入滚水中汆烫，捞起洗净，沥干水备用。

② 将万用卤汁大火煮滚，放入喉管，煮滚后改中小火，盖上锅盖卤约1小时30分钟，熄火。

③ 浸泡约20分钟至入味，取出后盛盘。

好吃秘诀

GOOD IDEA

喉管不易买到，要到大的市场购买，分已经发好和未发好的；泡发过的喉管爽脆易熟，只要卤20分钟即可。

做法▷

① 鸡心剪去软管，挤出淤血，放入滚水中汆烫，捞起洗净，沥干水备用。

② 将万用卤汁大火煮滚，放入鸡心，煮滚后改中小火，盖上锅盖卤约10分钟，熄火。

③ 浸泡约10分钟至入味，取出后盛盘。

◆ 卤竹轮

卤制火候：中火

加盖：○

卤制时间：20分钟

浸泡时间：20分钟

材料▷ **竹轮6条**

卤汁▷ **万用卤汁适量**

做法▷

① 取适量万用卤汁（盖过竹轮2厘米）大火煮滚，放入略洗的竹轮，煮滚后改中火，盖上锅盖卤约20分钟，熄火。

② 浸泡20分钟至入味，取出切段后盛盘，可蘸甜辣酱食用。

◆ 卤嘴边肉

卤制火候：中小火

加盖：○

卤制时间：40分钟

浸泡时间：40分钟

材料▷ **嘴边肉1副**

卤汁▷ **万用卤汁1份**

◆卤肝连

卤制火候：中小火　　加盖：○
卤制时间：40分钟　　浸泡时间：40分钟

材料▷ 猪肝连1副　　**卤汁**▷ 万用卤汁1份

做法▷

① 肝连放入滚水中汆烫，捞起沥干水备用。

② 将万用卤汁大火煮滚，放入肝连，煮滚后改中小火，盖上锅盖卤约40分钟，熄火。

③ 浸泡约40分钟至入味，取出切片后盛盘。

林老师说食材

肝连是附着在肝脏旁边的肉，带有一层筋膜，肉质富嚼劲、口感极佳。

做法▷

① 嘴边肉放入滚水中汆烫，捞起沥干水备用。

② 将万用卤汁大火煮滚，放入嘴边肉，煮滚后改中小火，盖上锅盖卤约40分钟，熄火。

③ 浸泡约40分钟，取出切片后盛盘。

林老师说食材

嘴边肉是连在猪舌边的肉，肉质鲜甜、有嚼劲；也可白煮切片蘸酱油膏吃，十分美味。

◆卤薄豆干

卤制火候：中小火　　加盖：○
卤制时间：10分钟　　浸泡时间：10分钟

材料▷薄豆干300克　　卤汁▷万用卤汁适量

做法▷

① 取适量万用卤汁（盖过薄豆干2厘米）大火煮滚，放入薄豆干，煮滚后改中小火，盖上锅盖卤约10分钟，熄火。

② 浸泡约10分钟至入味，取出切片后盛盘。

好吃秘诀
GOOD IDEA
薄豆干比较薄，容易入味，无须长时间卤制。

◆卤兰花干

卤制火候：中小火　　加盖：○
卤制时间：10分钟　　浸泡时间：10分钟

材料▷兰花干4块

卤汁▷万用卤汁适量

做法▷

① 取适量万用卤汁（盖过兰花干2厘米）大火煮滚，放入兰花干，煮滚后改中小火，盖上锅盖卤约10分钟，熄火。

② 浸泡约10分钟至入味，取出切小块后盛盘。

好吃秘诀
GOOD IDEA
兰花干本身有交叉纹路较易入味，卤制及浸泡时间可比其他豆干缩短。

◆卤五香豆干

卤制火候：中小火　　加盖：×
卤制时间：20分钟　　浸泡时间：4小时

材料▷五香豆干600克　　卤汁▷万用卤汁适量

做法▷

① 取适量万用卤汁（盖过五香豆干2厘米）大火煮滚，放入五香豆干，煮滚，改中小火卤约20分钟，熄火。

② 浸泡约4小时至入味，取出切片后盛盘。

好吃秘诀
GOOD IDEA

＊ 豆干类制品容易发酵，卤过豆干类制品的万用卤汁不宜再留用。

＊ 卤好的五香豆干可加入适量葱末、香油及辣椒酱拌匀，会更香辣好吃。

＊ 卤好的五香豆干浸泡一夜，更加入味。

＊ 卤豆干时不盖锅盖，盖锅盖豆干上会起蜂眼。

◆卤豆包

卤制火候：小火　加盖：○
卤制时间：5分钟　浸泡时间：5分钟

材料▷**炸豆包4个**　卤汁▷**万用卤汁半份**

做法▷

① 将万用卤汁大火煮滚，放入炸豆包，煮滚后改小火，盖上锅盖卤约5分钟，熄火。

② 浸泡约5分钟至入味，取出后盛盘。

好吃秘诀

要买炸过的豆包卤制，豆包不容易散，同时香气浓郁。

◆卤黑豆干

卤制火候：中小火　加盖：×
卤制时间：30分钟
浸泡时间：4小时

材料▷**黑豆干5块**

卤汁▷**万用卤汁适量**

做法▷

① 取适量万用卤汁（盖过黑豆干2厘米）大火煮滚，放入黑豆干，煮滚，改中小火卤约30分钟，熄火。

② 浸泡约4小时至入味，取出切片后盛盘。

好吃秘诀

＊ 卤过豆制品的卤汁容易腐坏，不宜存放，因而需取适量的万用卤汁来单独卤制豆制品。

＊ 浸泡一夜更加入味。

◆卤面肠

卤制火候：中小火　　加盖：○
卤制时间：20分钟
浸泡时间：半天

材料▷ **小面肠6条**

卤汁▷ **万用卤汁适量**

做法▷

① 小面肠放入170℃的油锅中，以中火炸至表面微黄，捞起沥干油备用。

② 取适量万用卤汁（盖过面肠2厘米）大火煮滚，放入面肠，煮滚后改中小火，盖上锅盖卤约20分钟，熄火。

③ 浸泡约半天至入味，取出切片后盛盘。

好吃秘诀 GOOD IDEA

＊ 面肠较不容易入味，浸泡时间可以久一点。

＊ 将卤面肠从中间切开，但不切断，涂上辣椒酱、撒上葱花，整条食用也不错。

◆卤素鸡

卤制火候：中小火　　加盖：○
卤制时间：20分钟　　浸泡时间：半天

材料▷ **素鸡6条**　　**卤汁**▷ **万用卤汁适量**

做法▷

① 取适量万用卤汁（盖过素鸡2厘米）大火煮滚，放入素鸡，煮滚后改中小火，盖上锅盖卤约20分钟，熄火。

② 浸泡约半天至入味，取出切片后盛盘。

好吃秘诀 GOOD IDEA

素鸡不容易入味，最好浸泡一夜，或食用时再淋上酱油膏。

◆卤素肚

卤制火候：中小火　加盖：○
卤制时间：20分钟　浸泡时间：半天

好吃秘诀
素肚炸过口感更有嚼劲。卤制后可加入适量葱花、辣椒末、香油、酱油膏调味食用。

材料▷**素肚3个**　卤汁▷**万用卤汁适量**

做法▷

① 素肚放入170℃的油锅中，以中火炸至表面微黄，捞起沥干油备用。

② 取适量万用卤汁（盖过素肚2厘米）大火煮滚，放入素肚，煮滚后改中小火，盖上锅盖卤约20分钟，熄火。

③ 浸泡约半天至入味，取出切片后盛盘。

◆卤甜不辣

卤制火候：小火　加盖：○
卤制时间：8分钟
浸泡时间：8分钟

材料▷**甜不辣300克**

卤汁▷**万用卤汁适量**

做法▷

① 取适量万用卤汁（盖过甜不辣2厘米）大火煮滚，放入甜不辣，煮滚后改小火，盖上锅盖卤约8分钟，熄火。

② 浸泡约8分钟至入味，取出后盛盘。

好吃秘诀
条状甜不辣要选外形较胖的，口感更好。

◆卤海带

卤制火候：中小火　加盖：○
卤制时间：10分钟
浸泡时间：无

材料▷**海带8卷**

卤汁▷**万用卤汁适量**

做法▷

① 取适量万用卤汁（盖过海带2厘米）大火煮滚，放入海带，煮滚后改中小火，盖上锅盖卤约10分钟，熄火。

② 取出放凉，切小段后盛盘。

GOOD IDEA 好吃秘诀

＊ 海带热食较软，建议放凉后食用，口感好些，再加入适量酱油膏、香油、葱花，味道更好。

＊ 卤过海带后卤汁会变稠，不可以再重复使用。

◆卤百叶豆腐

卤制火候：中小火　加盖：○
卤制时间：20分钟　浸泡时间：20分钟

材料▷**百叶豆腐2条**　**卤汁**▷**万用卤汁适量**

做法▷

① 百叶豆腐放入170℃的油锅中，以中火炸至表面微黄，捞起沥干油备用。

② 取适量万用卤汁（盖过百叶豆腐2厘米）大火煮滚，放入百叶豆腐，煮滚后改中小火，盖上锅盖卤约20分钟，熄火。

③ 浸泡约20分钟至入味，取出切片后盛盘。

GOOD IDEA 好吃秘诀

百叶豆腐炸过后再卤较香、较有嚼头，且不容易散开。亦可切片后放入170℃的油锅中炸至表面微黄再卤，不仅可以缩短浸泡时间，也更容易入味。

牛肉专用卤汁

牛肉的肉味较重，卤时需使用较多的辛香料帮助去味、提香；林老师这个卤包的特别之处在于添加了丁香、山奈、白豆蔻这三种中药材，使卤汁的香气十分独特。只要火候足、浸泡得当，用这款卤汁卤出来的牛肉，绝对浓郁香醇！

- 最速配的食材：牛腱、牛肚、牛筋等，猪耳朵、鸡爪、海带、薄豆干等
- 适合食用方式：■冷食 ■热食 ✔皆可
- 卤汁使用次数：2~3次
- 卤汁保存方法：冷藏7天或冷冻保存1个月

卤料

A 丁香1.875克、山奈3.75克、白豆蔻3.75克、陈皮3.75克、桂皮3.75克、八角3.75克、小茴香3.75克、花椒3.75克、甘草3.75克

B 辣椒4根、姜8片、米酒半杯、壶底油3杯、水12杯、冰糖半杯

做法

1 将卤料A装入棉布袋中，收口绑紧备用。

2 辣椒拍扁后切小段备用。

3 取一深锅，放入卤料A和卤料B煮滚，即为1份牛肉专用卤汁。

卤汁增香技

卤过牛肉的卤汁带有牛肉的香气，拿来卤猪耳朵、鸡爪、海带、薄豆干等，特别美味。

注意事项

这份卤汁可以卤1800~3600克牛肉，酱油和水的比例为1：4，如果使用的酱油味道偏咸，请调整比例为1：5。

好吃秘诀

GOOD IDEA

* 牛腱以腱心为上品，其筋纹紧实且分布均匀，在卤制过程中较不易松散；浸泡一夜的牛腱更入味且肉质软嫩。

* 澳大利亚牛吃牧草，腱心的肉质较硬，要卤1小时30分钟；若是吃玉米的美国牛，腱心的肉质较松软，容易熟，只要卤1小时20分即可。

* 牛腱心放凉切薄片，热牛腱心切时较易松散。

* 牛腱卤制时间较长，可一次多卤些冷冻保存。可将一个个牛腱心分别包装，倒入1汤勺的卤汁，放入冰箱冷冻保存，这样冷冻后的腱心不会太干。食用时取出自然解冻，切薄片，滴点香油、撒些许葱末、淋些酱油膏即可。

◆卤牛腱

卤制火候：中小火　加盖：○

卤制时间：1小时20分钟　浸泡时间：1夜

林老师说卤味

香卤牛腱心是很多人的最爱，当冷盘前菜、下饭、配酒、夹卷饼、做三明治、夹烧饼……都很适宜。

材料▷**牛腱心1800克**　卤汁▷**牛肉专用卤汁1份**

做法▷

① 牛腱心放入滚水中汆烫，捞起洗净，沥干水备用。

② 将牛肉专用卤汁大火煮滚，放入牛腱心，煮滚后改中小火，盖上锅盖卤约1小时20分钟，熄火。

③ 浸泡一夜至入味，取出切薄片后盛盘。

◆卤牛肚

卤制火候：中小火　加盖：○
卤制时间：2小时　浸泡时间：2小时

材料▷**牛肚1个**　卤汁▷**牛肉专用卤汁1份**

做法▷

① 牛肚放入滚水中氽烫，捞起沥干水备用。

② 将牛肉专用卤汁大火煮滚，放入牛肚，煮滚
后改中小火，盖上锅盖卤约2小时，熄火。

③ 浸泡约2小时至入味，取出切片后盛盘。

好吃秘诀

GOOD IDEA

* 如果牛肚比较薄，浸泡时
间缩短。
* 卤制完成的牛肚可切丝，
添加适量花椒粉、辣椒
油、香菜末混合拌匀，即
为辣劲十足的麻辣肚丝。

港 式 卤 汁

港式卤汁的香料较多，特别之处在于加了草果、丁香，让卤汁的香味特别浓郁。卤出来的卤味外观为明亮的酱色。酱油用了港式的老抽，不咸，纯上色的效果，加冰糖能增加光泽亮度，并让卤出来的卤味带甘甜味。

· 最速配的食材：鸡腿、猪舌
· 适合食用方式：☑冷食 ☐热食 ☐皆可
· 卤汁使用次数：1次
· 卤汁保存方法：不保存

卤料

A 丁香1.875克、山柰3.75克、草果4粒、桂皮2片、八角4粒、甘草3.75克

B 葱段3节、姜8片、老抽（钜利酱油）1瓶600毫升、酱油1杯、水6杯、冰糖半杯

做法

1 将卤料A装入棉布袋中，收口绑紧备用。

2 葱段拍扁备用。

3 取一深锅，放入卤料A和卤料B煮滚，即为1份港式卤汁。

注意事项

若买不到钜利牌的老抽，可用其他品牌代替，超市都能买到老抽。

◆ 港式油鸡腿

卤制火候：小火　加盖：○
卤制时间：20分钟　浸泡时间：25~30分钟

材料▷鸡腿6只、绍兴酒半杯、香油少许　卤汁▷港式卤汁1份

做法▷

① 鸡腿放入滚水中氽烫，捞起立即放入冰水中冷却，沥干水备用。

② 将港式卤汁大火煮滚，放入鸡腿，煮滚后改小火，盖上锅盖卤约20分钟，熄火。

③ 倒入绍兴酒，盖上锅盖浸泡25～30分钟至入味。

④ 取出鸡腿，趁热在表面刷上一层香油，放凉后切块即可盛盘。

好吃秘诀 GOOD IDEA

* 白肉鸡较适合，因其肉质较软嫩。卤好后必须放凉再切块，若温热切，肉易碎，块不成形。

* 氽烫后立即泡入冰水中，可让外皮及肉质紧缩，形成冰脆的口感。

* 港式油鸡腿起锅前加入绍兴酒，可保留酒的香气，而最后涂香油，可让表皮油亮。

◆港式猪舌

卤制火候：中小火　加盖：○
卤制时间：40分钟　浸泡时间：40分钟

材料▷ 猪舌2个、绍兴酒半杯、香油少许

卤汁▷ 港式卤汁1份

好吃秘诀

GOOD IDEA

猪舌氽烫后更容易清除附着在表面的舌苔，若不清除吃起来会有苦涩味。

做法▷

① 用利刀将猪舌中的舌骨切除，再放入滚水中氽烫，捞起立即放入清水中冷却，再清洗喉管内侧的污秽，刮除白色的舌苔，洗净，沥干水备用。

② 将港式卤汁大火煮滚，放入猪舌，煮滚后改中小火，盖上锅盖卤约40分钟，熄火。

③ 倒入绍兴酒，盖上锅盖浸泡约40分钟至入味

④ 取出猪舌，趁热在表面刷上一层香油，放凉后切片即可盛盘。

川味卤汁

川味卤汁和麻辣卤汁的差别在于川味卤汁是微麻微辣，不像麻辣卤汁很麻很辣，所以花椒和干辣椒的用量就少很多，也没有加辣豆瓣酱。为避免太过麻辣，花椒和干辣椒不用爆香，而是放在卤汁中慢慢煮出味道，这样不会太呛辣，适合喜欢微麻微辣的人食用。

- 最速配的食材：猪耳朵、猪尾巴和五花肉
- 适合食用方式：■冷食 ■热食 ✔皆可
- 卤汁使用次数：1次
- 卤汁保存方法：不保存

卤料

A 大红袍花椒1大匙、干辣椒2大匙、山奈10片

B 葱2根、姜6片、米酒半杯、酱油1杯、水4～5杯、冰糖2大匙

做法

1 将卤料A装入棉布袋中，收口绑紧备用。

2 葱拍扁后切大段备用。

3 取一深锅，放入卤料A和卤料B煮滚，即为1份川味卤汁。

卤汁增香技

花椒可选用等级最高的大红袍，麻辣风味最佳。

注意事项

◆ 花椒和干辣椒要用棉布袋绑好，花椒才不会散落在卤汁中不容易取出。

◆ 花椒和干辣椒可依自己喜好的麻辣度增减数量。

◆川味卤猪尾巴

卤制火候：中小火　加盖：○
卤制时间：1小时　浸泡时间：30分钟

材料▷**猪尾巴600克**　卤汁▷**川味卤汁1份**

做法▷

① 将猪尾巴剁成2厘米长的小段，放入滚水中
汆烫，捞起拔除细毛，洗净沥干水备用。

② 将川味卤汁大火煮滚，放入猪尾巴，煮滚后
改中小火，盖上锅盖卤约1小时，熄火。

③ 浸泡约30分钟至入味，取出后盛盘。

林老师说卤味　猪尾巴要在传统市场才容易买到，也可事先跟肉贩预订。

◆川味卤猪耳朵

卤制火候：中小火　加盖：○
卤制时间：50分钟　浸泡时间：30分钟

材料▷**猪耳朵1副**　卤汁▷**川味卤汁1份**

做法▷

① 猪耳朵用小利刀刮除内部污秽，用清水反复
搓洗干净，放入滚水中汆烫，捞起洗净，沥
干水备用。

② 将川味卤汁大火煮滚，放入猪耳朵，煮滚后
改中小火，盖上锅盖卤约50分钟，熄火。

③ 浸泡约30分钟，取出切片。食用时滴点香
油，撒点葱花，味道更佳。

焦糖卤汁

焦糖卤汁与其他卤汁最主要的区别是多了炒焦糖的步骤。中式料理焦糖的炒法和甜点不一样，用的是和糖等量的油，这样卤出来的食材比较香。因为多了焦糖，卤汁带甘甜的焦糖香气和酱香味，味道甜中带咸；而且卤出来的卤味酱色浓厚，看起来油亮油亮的，吸引人食指大动，是近年来很风行的卤味。

- 最速配的食材：肉类、内脏类、豆制品类、米血、鱼浆制品
- 适合食用方式：■冷食 ■热食 ✔皆可
- 卤汁使用次数：1次
- 卤汁保存方法：不保存

卤汁增香技

卤料中的细砂糖也可改为同等分量的二砂糖，会多些蔗糖的香气。

注意事项

砂糖一开始放入油中炒时，先不要搅拌，等糖开始熔化后再搅拌。加热水时，声音会很大、会溅油，此时不要怕，继续搅拌至变稠。

卤料

A 沙拉油半杯、细砂糖半杯、热水2杯
B 八角2粒、桂皮1片
C 酱油1杯、水3杯

做法

1 半杯沙拉油放入锅中，加入细砂糖以小火炒至熔化，搅拌至冒小泡泡到大泡泡，起浓烟呈糖浆状时，冲入热水拌匀，继续搅拌至变稠，即为焦糖。

 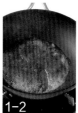

2 取一深锅，放入焦糖、卤料B和卤料C煮滚，即为1份焦糖卤汁。

◆ 焦糖鸡翅

卤制火候：中小火　加盖：○
卤制时间：20分钟
浸泡时间：20分钟

材料▷鸡翅6个

卤汁▷焦糖卤汁1份

做法▷

① 鸡翅放入滚水中汆烫后，捞起洗净，沥干水备用。

② 将焦糖卤汁大火煮滚，放入鸡翅，煮滚后改中小火，盖上锅盖卤约20分钟，熄火。

③ 浸泡20分钟至入味，取出后盛盘。

◆ 焦糖麻辣鸭翅

卤制火候：中小火　加盖：○
卤制时间：40分钟　浸泡时间：40分钟

材料▷鸭翅6个、花椒1小匙、干辣椒1大匙

卤汁▷焦糖卤汁1份

做法▷

① 将花椒和干辣椒装入棉布袋中，收口绑紧。

② 鸭翅放入滚水中汆烫，捞起拔去细毛，洗净沥干水备用。

③ 将焦糖卤汁大火煮滚，放入鸭翅、做法①的卤包，煮滚后改中小火，盖上锅盖卤约40分钟，熄火。

④ 浸泡约40分钟至入味，取出后盛盘。

焦糖鸡胗

卤制火候：中小火
加盖：○
卤制时间：25分钟
浸泡时间：25分钟

材料▷鸡胗300克

卤汁▷焦糖卤汁适量

做法▷

①鸡胗剪去多余脂肪，用清水反复搓洗后，放入滚水中汆烫，捞起洗净，沥干水备用。

②取适量焦糖卤汁（盖过鸡胗2厘米）大火煮滚，煮滚后改中小火，盖上锅盖卤约25分钟，熄火。

③浸泡约25分钟至入味，取出后盛盘。

焦糖百叶豆腐

卤制火候：中小火
加盖：○
卤制时间：20分钟
浸泡时间：20分钟

材料▷

百叶豆腐2条、五香粉1/2小匙

卤汁▷焦糖卤汁1份

◆焦糖米血

卤制火候：小火　加盖：○
卤制时间：15分钟　浸泡时间：无

材料▷ **米血1条**　卤汁▷ **焦糖卤汁适量**

做法▷

① 米血切粗条。

② 取适量焦糖卤汁（盖过米血2厘米）大火煮滚，放入米血，煮滚后改小火，盖上锅盖卤约15分钟，熄火后取出盛盘。

好吃秘诀
米血切小块，卤制过程较易入味。

做法▷

① 将焦糖卤汁大火煮滚，放入百叶豆腐、五香粉，煮滚后改中小火，盖上锅盖卤约20分钟，熄火。

② 浸泡约20分钟至入味，取出切片后盛盘。

沙茶卤汁

香气浓郁的沙茶酱不仅可作为蘸酱，还能成为卤汁的主材料，让平凡无味的食材更具特色。用于卤汁的沙茶酱，林老师建议用台湾产的福华、牛头牌的，味道很香。这道卤汁示例的食材以蔬菜和蛋为主，比较特别，所以用高汤替换水，以增加卤汁的鲜甜味。另外，因为沙茶的味道较重，所以只用卤味最基本的香料八角和甘草即可。

- 最速配的食材：猪肝、蛋类、蔬菜
- 适合食用方式：■冷食 ■热食 ✔皆可
- 卤汁使用次数：1次
- 卤汁保存方法：不保存

卤料

A 八角2粒、甘草2片
B 酱油1杯、沙茶酱半杯、高汤7杯、冰糖4大匙

做法

取一深锅，放入卤料A和卤料B煮滚，即为1份沙茶卤汁。

注意事项

煮沙茶卤汁要时不时搅拌一下，以防粘锅。

沙茶卤白萝卜

卤制火候：**中小火**　加盖：○
卤制时间：**20分钟**　浸泡时间：**20分钟**

材料▷ **白萝卜1个**　卤汁▷ **沙茶卤汁1份**

做法▷

① 白萝卜去皮后，切成1厘米厚的圆块备用。

② 将沙茶卤汁大火煮滚，放入白萝卜，煮滚后改中小火，盖上锅盖卤约20分钟，熄火。

③ 浸泡20分钟至入味，取出后盛盘。

◆沙茶卤鸭蛋

卤制火候：中小火　加盖：○
卤制时间：20分钟　浸泡时间：3小时

材料▷生鸭蛋10个　卤汁▷沙茶卤汁适量

做法▷

① 生鸭蛋放入冷水中，以中火煮滚，继续煮8分钟后捞出冲凉，敲裂纹泡水，剥除外壳备用。

② 取适量沙茶卤汁（盖过鸭蛋2厘米）大火煮滚，放入鸭蛋，煮滚后改中小火，盖上锅盖卤约20分钟，熄火。

③ 浸泡约3小时至入味，取出后盛盘。

好吃秘诀 GOOD IDEA

＊ 鸭蛋质地比鸡蛋更有韧性，非常适合长时间卤制，通过蛋膜的气孔，鸭蛋慢慢吸入沙茶卤汁，变得风味十足。

＊ 煮好的鸭蛋敲裂纹泡水，水渗入蛋膜中，蛋壳即可被快速剥除。

＊ 卤蛋浸泡一夜，更加美味。

◆沙茶卤猪肝

卤制火候：文火　加盖：○
卤制时间：10分钟　浸泡时间：25分钟

材料▷猪肝1/4副　卤汁▷沙茶卤汁适量

做法▷

① 用牙签刺猪肝，让淤血流出，浸泡于清水中，充分放血，反复清洗干净备用。

② 取适量沙茶卤汁（盖过猪肝2厘米）大火煮滚，放入猪肝，煮滚后改文火，盖上锅盖卤约10分钟，熄火。

③ 浸泡25分钟至入味，取出切片后盛盘。

好吃秘诀 GOOD IDEA

＊ 猪肝要挑选较饱满且呈粉红色的"粉肝"，口感比较软嫩，切勿选用较深色的柴肝，因为柴肝瘦且口感较硬。

＊ 猪肝与卤汁一起以文火卤制，卤汁会被慢慢吸入猪肝中，且猪肝不容易老硬。

＊ 卤过猪肝的卤汁会有腥味，不宜再卤制其他食材。

咖喱卤汁

卤汁中蕴含着苹果与洋葱的甘甜。浓郁的咖喱香气、美丽的色泽，很容易吸引大人或小孩的目光。卤汁中的主角咖喱，要选用粉状的，并先用小火炒过，以增加香气。林老师习惯用印度咖喱粉，若家中没有，用东南亚地区出产的咖喱粉也可。

- 最速配的食材：鸡肉、火锅类、根茎类蔬菜、蛋类
- 适合食用方式：■冷食 ☑热食 ■皆可
- 卤汁使用次数：1次
- 卤汁保存方法：不保存

卤料

A 小茴香1.875克、桂枝3.75克
B 沙拉油2大匙、苹果1个、洋葱半个、印度咖喱粉2大匙、高汤3杯、盐1大匙、鸡精1大匙

做法

1 将卤料A装入棉布袋中，收口绑紧备用。

2 苹果去皮及核后切小丁；洋葱剥皮后切小丁，备用。

3 起油锅，加入2大匙沙拉油烧热，放入洋葱丁、咖喱粉，以小火炒香，再放入苹果丁拌炒均匀，加入剩下的卤料B和卤料A煮滚，即为1份咖喱卤汁。

卤汁增香技

林老师建议咖喱粉可选用仙果牌的，香气较足。

注意事项

炒咖喱粉一定要用小火，以免炒出苦味，影响卤汁的风味。

◆ 咖喱茭白

卤制火候：中小火　　加盖：○
卤制时间：10分钟　　浸泡时间：10分钟

材料▷ 茭白4根　　卤汁▷ 咖喱卤汁1份

做法▷

① 茭白剥除外壳后，切块备用。

② 将咖喱卤汁大火煮滚，放入茭白，煮滚后改中小火，盖上锅盖卤约10分钟，熄火。

③ 浸泡约10分钟至入味，取出后盛盘。

◆ 咖喱鱼丸

卤制火候：中小火　　加盖：○
卤制时间：15分钟　　浸泡时间：无

材料▷ 小鱼丸15个　　卤汁▷ 咖喱卤汁适量

做法▷

取适量咖喱卤汁（盖过鱼丸2厘米）大火煮滚，放入小鱼丸，煮滚后改中小火，盖上锅盖卤约15分钟，熄火后取出盛盘。

◆ 咖喱鸡翅

卤制火候：小火　　加盖：○
卤制时间：20分钟　　浸泡时间：20分钟

材料▷ 鸡翅8个　　卤汁▷ 咖喱卤汁1份

做法▷

① 鸡翅放入滚水中氽烫，捞起沥干水备用。

② 将咖喱卤汁大火煮滚，放入鸡翅，煮滚后改小火，盖上锅盖卤约20分钟，熄火。

③ 浸泡约20分钟至入味，取出后盛盘。

好吃秘诀
GOOD IDEA
火锅丸子类或是鱼浆制品都可以用相同的方式卤制成咖喱风味的。

好吃秘诀
GOOD IDEA
鸡翅卤太久表皮容易破裂且肉质变硬，所以卤制时间缩短一些，用余温浸泡的方式使其入味。

◆咖喱鹌鹑蛋

卤制火候：中小火　加盖：○
卤制时间：15分钟
浸泡时间：15分钟

材料▷鹌鹑蛋20个

卤汁▷咖喱卤汁适量

做法▷

① 取适量咖喱卤汁（盖过鹌鹑蛋2厘米）大火煮滚，放入鹌鹑蛋，煮滚后改中小火，盖上锅盖后卤约15分钟，熄火。

② 浸泡15分钟至入味，取出后盛盘。

◆黄金马铃薯

卤制火候：小火　加盖：○
卤制时间：15分钟　浸泡时间：15分钟

材料▷马铃薯2个　卤汁▷咖喱卤汁1份

做法▷

① 马铃薯去皮后切大块。

② 将咖喱卤汁大火煮滚，放入马铃薯，煮滚后改小火，盖上锅盖卤约15分钟至软，熄火。

③ 浸泡约15分钟至入味，取出后盛盘。

好吃秘诀
GOOD IDEA
若好几种食材一起卤，因马铃薯淀粉含量高，要最后放，才不会让卤汁变得很稠。

麻辣卤汁

麻辣卤汁顾名思义就是要又麻又辣，所以花椒、干辣椒和辣豆瓣酱是绝对少不了的。花椒选用等级最高的大红袍，香麻且辣，而干辣椒是由新鲜朝天椒日晒制成。花椒和干辣椒先爆香，让麻辣味更足。辣豆瓣酱林老师选用四川的郫县辣豆瓣酱，它用蚕豆发酵制作，香气及色泽特别棒，很适合用在麻辣卤汁中。

· 最速配的食材：鸡翅、鸭翅及内脏类
· 适合食用方式：■冷食 ■热食 ✔皆可
· 卤汁使用次数：1次
· 卤汁保存方法：不保存

卤料

A 大红袍花椒4大匙、朝天椒干辣椒1碗
B 姜6片、大蒜8粒（拍碎）、八角3粒
C 辣豆瓣酱6大匙、二砂糖2大匙、酱油1碗、水6碗

做法

1 起油锅，加半碗油，放入花椒、干辣椒，以小火炒香，从油中捞出装入棉布袋，收口绑紧备用。

2 余油里放入姜片、大蒜碎和八角，以小火炒香，再放入辣豆瓣酱拌炒片刻，加入剩下的卤料C和卤料A煮滚，即为1份麻辣卤汁。

卤汁增香技

豆瓣酱要用油炒过，才能把香气带出来。

注意事项

干辣椒用朝天椒晒成的比较辣，若是买不到，可趁盛产期自己制作，放太阳下晒干，密封冷冻保存。

◆麻辣鸭翅

卤制火候：中小火　加盖：○
卤制时间：40分钟　浸泡时间：40分钟

材料▷鸭翅6个　卤汁▷麻辣卤汁1份

做法▷

① 鸭翅放入滚水中汆烫，捞起拔去细毛，洗净沥干水备用。

② 将麻辣卤汁大火煮滚，放入鸭翅，煮滚后改中小火，盖上锅盖卤约40分钟，熄火。

③ 浸泡约40分钟至入味，取出沥干后盛盘。

◆麻辣鸡翅

卤制火候：中小火　加盖：○
卤制时间：20分钟
浸泡时间：20分钟

材料▷鸡翅10个

卤汁▷麻辣卤汁1份

做法▷

① 鸡翅放入滚水中汆烫，捞起沥干水备用。

② 将麻辣卤汁大火煮滚，放入鸡翅，煮滚后改中小火，盖上锅盖卤约20分钟，熄火。

③ 浸泡约20分钟至入味，取出沥干后盛盘。

◆麻辣鸭胗

卤制火候：中小火
加盖：○
卤制时间：40分钟
浸泡时间：20分钟

材料▷鸭胗6个

卤汁▷麻辣卤汁1份

做法▷

① 鸭胗剪去多余脂肪，用清水反复搓洗后，放入滚水中汆烫，捞起洗净，沥干水备用。

② 将麻辣卤汁用大火煮滚，放入鸭胗，煮滚后改中小火，盖上锅盖卤约40分钟至软，熄火。

③ 浸泡约20分钟至入味，取出沥干后盛盘。

◆麻辣鸡胗

卤制火候：小火　加盖：○
卤制时间：25分钟　浸泡时间：25分钟

材料▷鸡胗300克　卤汁▷麻辣卤汁1份

做法▷

① 鸡胗剪去多余脂肪，用清水反复搓洗，放入滚水中汆烫，捞起洗净，沥干水备用。

② 将麻辣卤汁大火煮滚，放入鸡胗，煮滚后改小火，盖上锅盖卤约25分钟，熄火。

③ 浸泡约25分钟至入味，取出沥干后盛盘。

参须枸杞卤汁

含有补血养身的参须、黄芪、枸杞等中药材，非常适用于暖冬进补。跟制作药膳汤一样，为了避免有苦涩味，卤汁不加盐，以体现药材特有的甘味，而且为了不让卤出的食材酱色太重，酱油用的是不加焦糖酱色、甘甜的白荫油。喜欢药膳味的读者，千万别错过这道令人回味无穷的卤汁！

- 最速配的食材：肉类、内脏类、蛋类和山药
- 适合食用方式：■冷食 ■热食 ✓皆可
- 卤汁使用次数：1次
- 卤汁保存方法：不保存

卤料

A 黄芪1.875克、川芎1.875克、桂枝1.875克、参须7.5克、枸杞7.5克

B 米酒半杯、白荫油1杯、水6杯、冰糖4大匙

做法

1 将卤料A装入棉布袋中，收口绑紧备用。

2 取一深锅，放入卤料A和卤料B煮滚，即为1份参须枸杞卤汁。

注意事项

◆ 参须不要放太多，太多的话卤汁会苦。

◆ 所有的药材必须冷藏保存，才可保持新鲜，要选政府许可的合格中药行购买，品质较有保障。

◆药膳卤猪心

卤制火候：小火　　加盖：○
卤制时间：20分钟　　浸泡时间：2小时

材料▷**猪心600克**　　卤汁▷**参须枸杞卤汁1份**

好吃秘诀
GOOD IDEA
猪心中会有许多血块，必须反复按压揉挤出血块，彻底洗净才不会有腥味。

做法▷

① 猪心拉出连接管后剪掉，挤出血液后洗净（见P13图示），放入滚水中汆烫，捞起沥干水备用。

② 将参须枸杞卤汁大火煮滚，放入猪心，煮滚后改小火，盖上锅盖卤约20分钟，熄火。

③ 浸泡约2小时至入味，取出切片后盛盘。

◆药膳卤鸭翅

卤制火候：小火　加盖：○
卤制时间：40分钟　浸泡时间：40分钟

材料▷鸭翅4个　卤汁▷参须枸杞卤汁1份

做法▷

① 鸭翅放入滚水中汆烫，捞起拔去细毛，洗净沥干水备用。

② 将参须枸杞卤汁大火煮滚，放入鸭翅，煮滚后改小火，盖上锅盖卤约40分钟，熄火。

③ 浸泡约40分钟至入味，取出后盛盘。

◆药膳卤鸡翅

卤制火候：小火　加盖：○
卤制时间：20分钟
浸泡时间：20分钟

材料▷鸡翅8个

卤汁▷参须枸杞卤汁1份

做法▷

① 鸡翅放入滚水中汆烫，捞起洗净，沥干水备用。

② 将参须枸杞卤汁大火煮滚，放入鸡翅，煮滚后改小火，盖上锅盖卤约20分钟，熄火。

③ 浸泡约20分钟至入味，取出后盛盘。

好吃秘诀

肉鸡鸡翅卤制太久表皮容易破裂且肉质变硬，所以建议缩短卤制时间，采用余温浸泡入味的方式。

◆ 香卤山药

卤制火候：中小火

加盖：○

卤制时间：15分钟

浸泡时间：15分钟

材料▷ 山药600克

卤汁▷ 参须枸杞卤汁1份

做法▷

① 山药去皮后，切成长条状备用。

② 将参须枸杞卤汁大火煮滚后，放入山药，煮滚后改中小火，盖上锅盖卤约15分钟，熄火。

③ 浸泡约15分钟至入味，取出后盛盘。

好吃秘诀 GOOD IDEA

山药不宜久卤，以免淀粉质释出后外观呈烂糊状。

◆ 药膳卤鹌鹑蛋

卤制火候：中小火　加盖：○

卤制时间：10分钟　浸泡时间：20分钟

材料▷ 鹌鹑蛋300克　　**卤汁▷** 参须枸杞卤汁适量

做法▷

① 取适量参须枸杞卤汁（盖过鹌鹑蛋2厘米）大火煮滚，放入鹌鹑蛋，煮滚后改中小火，盖上锅盖卤约10分钟，熄火。

② 浸泡约20分钟至入味，取出后盛盘。

好吃秘诀 GOOD IDEA

蛋类在卤制过程中会产生腥味，所以卤汁不适合重复使用。

胶冻卤汁

将卤汁先备好，再将富含胶质的猪皮和主材料一起卤制，待冷却凝结成冻即为口感滑顺的卤味，不仅可口，还能美肤养颜，是很多人爱吃的知名卤味。因为卤汁冷却后会凝结成冻，食用时是连同卤汁一起吃的，所以制作时使用高汤代替水，吃起来更加鲜美。

- 最速配的食材：梅花肉、鸡爪、鸡翅等
- 适合食用方式：☑冷食 ■热食 ■皆可
- 卤汁使用次数：1次
- 卤汁保存方法：不保存

卤料

A 八角2粒、甘草2片、桂枝3.75克

B 米酒2大匙、壶底油半杯、高汤5杯、冰糖2大匙

做法

1 将卤料A装入棉布袋中，收口绑紧备用。

2 取一深锅，放入卤料A和卤料B煮滚，即为1份胶冻卤汁。

注意事项

先用棉布袋装好卤料，待卤汁凝固后，就不会因为桂枝散落在卤汁中不好捞出来而烦恼了。

♦ 肴肉冻

卤制火候：中小火　加盖：○
卤制时间：1小时30分钟　冷藏时间：1小时

材料▷ **梅花肉300克**

卤汁▷ **胶冻卤汁1份、猪皮600克**

好吃秘诀

GOOD IDEA

由于梅花肉本身不含胶质，必须借助猪皮的胶质来帮助凝结成冻。卤好熄火后也可以不取出猪皮块，吃起来口感丰富些。

做法▷

① 梅花肉放入滚水中汆烫，捞起沥干水后切大丁。

② 猪皮放入滚水中，以大火煮约3分钟后取出，放凉，用刀刮除肥油，并将猪毛拔光洗净，切小块。

③ 将胶冻卤汁大火煮滚，放入梅花肉丁与猪皮块，煮滚后改中小火，盖上锅盖卤约1小时30分钟至软烂，熄火后捞出卤包与猪皮块。

④ 将梅花肉丁与胶冻卤汁一起倒入容器中，放凉后放入冰箱冷藏约1小时至凝固，即为肴肉冻。

⑤ 取出用利刀切块或切片后盛盘。

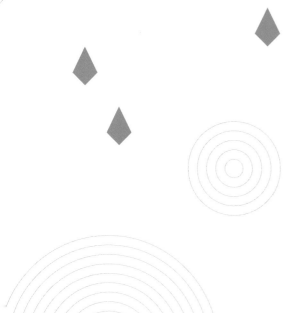

◆鸡爪冻

卤制火候：小火　加盖：○
卤制时间：2小时　冷藏时间：1小时

材料▷鸡爪20个

卤汁▷胶冻卤汁1份、猪皮600克

做法▷

① 鸡爪剁去趾甲，处理干净，放入滚水中余烫，捞起洗净，沥干水备用。

② 猪皮放入滚水中，以大火余烫约3分钟后取出，放凉，用刀刮除肥油，并将猪毛拔光洗净，切大块。

③ 将胶冻卤汁用大火煮滚，放入鸡爪与猪皮块，煮滚后改小火，盖上锅盖卤约2小时至软烂，熄火后捞出卤包与猪皮块。

④ 将鸡爪与胶冻卤汁一起倒入容器中，放凉后放入冰箱冷藏约1小时至凝固，即为鸡爪冻。

GOOD IDEA　好吃秘诀

＊ 卤好鸡爪熄火后即可取出卤包与猪皮块，不然卤包和猪皮块会一起凝固。

＊ 鸡爪冻、鸡翅冻卤的时间要比一般卤味久，才可卤到骨头松软、熟透。

◆鸡翅冻

卤制火候：小火　加盖：○
卤制时间：1小时30分钟　冷藏时间：1小时

材料▷二节翅或翅小腿10个

卤汁▷胶冻卤汁1份、猪皮600克

做法▷

① 鸡翅放入滚水中余烫，捞起沥干水备用。

② 猪皮放入滚水中，以大火煮约3分钟后取出，放凉，用刀刮除肥油，并将猪毛拔光洗净，切大块。

③ 将胶冻卤汁大火煮滚，放入鸡翅与猪皮块，煮滚后改小火，盖上锅盖卤约1小时30分钟至软烂，熄火后捞出卤包与猪皮块。

④ 将鸡翅与胶冻卤汁一起倒入容器中，放凉后放入冰箱冷藏约1小时至凝固，即为鸡翅冻。

东山鸭头卤汁

东山鸭头最初是台南新营的一位老师傅做出来的，后来传到东山，经过改良后成为台湾知名小吃。这道卤汁属于香甜口味，酱油用的是壶底油，搭配甘甜的冰糖，让卤汁带有台南小吃特有的甜味。东山鸭头的特色在于把卤制好的食材放凉后，再放入油锅炸至焦香酥脆，让人获得一种香味入骨的满足感。

- 最速配的食材：鸭头、鸭脖子、鸡翅、鸭翅、内脏类、百里香、甜不辣、米血等
- 适合食用方式：■冷食 ■热食 ☑皆可
- 卤汁使用次数：2次
- 卤汁保存方法：冷藏7天或冷冻1个月

卤料

A 八角3.75克、小茴香3.75克、桂枝3.75克、甘草3.75克、花椒3.75克、陈皮3.75克

B 葱1根、姜4片、大蒜2粒、壶底油1杯、水6杯、冰糖4大匙

做法

1 将卤料A装入棉布袋中，收口绑紧备用。

2 将葱拍扁后切大段；大蒜剥皮后拍扁，备用。

3 取一深锅，放入卤料A和卤料B煮滚，即为1份东山鸭头卤汁。

注意事项

因为卤汁中有冰糖和酱油，所以油炸过的卤味，颜色会相对焦黑一些。

◆酥炸百里香

卤制火候：中小火　加盖：○
卤制时间：10分钟　浸泡时间：10分钟

材料▷鸡屁股600克　**卤汁**▷东山鸭头卤汁1份

做法▷

① 鸡屁股放入滚水中汆烫，捞起拔去细毛，洗净沥干水备用。

② 将东山鸭头卤汁大火煮滚，放入鸡屁股，煮滚后改中小火，盖
上锅盖卤约10分钟，熄火。

③ 浸泡约10分钟至入味，取出放凉后沥干卤汁备用。

④ 将鸡屁股放入170℃的油锅中，以中火炸至呈金黄色，再转大
火炸至表皮酥脆，捞出沥干油后盛盘。

林老师说卤味

百里香是鸡屁股的美称，因为经过油炸的鸡屁股特别香，远远就能闻到，其美味更让爱好者无法忘怀。

◆香酥东山鸭头和鸭脖子

卤制火候：中小火　加盖：○
卤制时间：40分钟　浸泡时间：40分钟

材料▷ 带颈鸭头4个　　卤汁▷ 东山鸭头卤汁1份

做法▷

① 揭掉鸭脖子的皮，去除脂肪（也可不去除），放入滚水中汆烫，捞起沥干水备用。

② 将东山鸭头卤汁大火煮滚，放入带颈鸭头，煮滚后改中小火，盖上锅盖卤约40分钟，熄火。

③ 浸泡约40分钟至入味，取出放凉后沥干卤汁备用。

④ 将带颈鸭头放入170℃的油锅中（油盖过材料），以中火炸至呈金黄色，再转大火炸至表皮酥脆，捞出沥干油后切小段即可盛盘。

好吃秘诀

＊ 鸭脖子去除肥厚的外皮，吃起来较不油腻；卤制上色后再进行油炸，可同时品尝到卤味咸鲜与油炸酥香的特色。

＊ 卤汁中有冰糖和酱油，再油炸很容易焦黑，所以炸时油温不要太高。

＊ 鸭头和鸭脖子要炸好后再切开，能保持外酥内嫩的口感，且食材内部不会吸入过多的油脂。

＊ 食用时可撒上适量胡椒粉、辣椒粉，可增添香味。

溏心蛋专用卤汁

这道日式口味的卤汁，添加了用甜糯米和酒曲酿造而成的味霖。味霖如同带甜味的料酒，不仅让卤汁咸中回甘，而且可以去腥味，同时增加食物的亮度和光泽。提醒读者使用这道卤汁浸泡鸭蛋或鸡蛋前要先煮滚卤汁，煮的过程可让味霖的酒精成分挥发，增加香气。在浸泡卤制的过程中，卤汁经过蛋膜的气孔渗入蛋白与蛋黄，让软嫩的蛋黄充满甜甜的滋味。

· 最速配的食材：鸭蛋、鸡蛋
· 适合食用方式：☑冷食 ■热食 ■皆可
· 卤汁使用次数：2次
· 卤汁保存方法：冷藏7天

卤料

酱油半杯、味霖半杯、水2杯、八角2粒、甘草2片

做法

取一深锅，放入所有卤料煮滚，转小火继续煮5分钟，即为1份溏心蛋专用卤汁。

注意事项

* 溏心蛋是用浸泡的方式卤制，为了不使蛋黄熟透，煮好的卤汁必须放凉再使用。

* 此配方也可不加甘草，卤出来的溏心蛋也很好吃。

◆溏心鸭蛋

卤制方式：浸泡法　浸泡时间：1～2天

材料▷生鸭蛋12个

卤汁▷溏心蛋专用卤汁适量

做法▷

① 生鸭蛋放入滚水中（不盖锅盖），以中大火计时煮6分钟，煮的过程用汤勺或筷子持续在锅内轻轻搅拌。

② 6分钟后取出鸭蛋泡入冷水中至凉，剥除外壳备用。

③ 取适量溏心蛋专用卤汁（盖过鸭蛋即可）煮滚后放凉，放入剥好壳的鸭蛋移入冰箱冷藏，浸泡1～2天至入味。

好吃秘诀

GOOD IDEA

＊因鸭蛋蛋白相对更有韧性、蛋黄比较饱满，有人喜欢选用鸭蛋制作。

＊冷藏的鸭蛋或鸡蛋煮之前要放室温回温，煮的过程蛋壳不容易破裂。

＊鸭蛋的蛋壳较硬，可放入滚水中直接煮，漂凉即可直接剥壳。

＊煮蛋的过程持续用汤勺搅拌，目的是让蛋黄集中在中心处。

＊煮好的蛋泡在冷水中，是为了避免余温继续催熟蛋黄。

＊溏心蛋的特色在于蛋白部分类似卤蛋，但比较软嫩，而蛋黄则是煮至刚凝结的半熟状态，所以时间的掌控很重要。煮好的鸭蛋要放入凉的卤汁中浸泡，避免蛋黄熟透。

◆溏心鸡蛋

卤制方式：浸泡法　浸泡时间：1～2天

材料▷生鸡蛋8个、盐1大匙

卤汁▷溏心蛋专用卤汁适量

做法▷

① 将鸡蛋放入冷水中，加入盐，开中火煮滚，计时4分30秒，煮的过程用汤勺或筷子持续在锅内轻轻搅拌。

② 4分30秒后取出鸡蛋，轻敲蛋壳产生裂纹，浸泡于冷水中约20分钟，剥除外壳备用。

③ 取适量溏心蛋专用卤汁（盖过鸡蛋即可）煮滚后放凉，放入剥好壳的鸡蛋移入冰箱冷藏，浸泡1～2天至入味。

好吃秘诀

GOOD IDEA

＊因为食用时溏心蛋蛋黄在半熟的状态，所以鸡蛋要选品质好的，一方面比较安全，另一方面也不会有蛋腥味。

＊鸡蛋壳较薄，不适合用滚水煮，蛋壳容易破，煮的过程加盐除了调味之外，若蛋壳裂了，淡盐水可防止蛋壳继续裂。

＊把煮好的鸡蛋轻轻敲出裂纹，浸泡于冷水中，除了降温外，浸泡过程水会进入蛋膜中，蛋壳即可被轻易剥除。

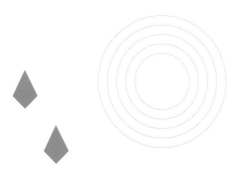

大肠专用卤汁

这道卤汁的配方是非常典型的台式卤汁的配方，使用八角、酱油、冰糖、米酒等香料和调味料。但林老师在这道卤汁中，特别添加了山柰，山柰有独特的香味，除了可去腥外，也让卤汁的味道更有层次。

- 最速配的食材：大肠
- 适合食用方式：■冷食 ☑热食 ■皆可
- 卤汁使用次数：1次
- 卤汁保存方法：不保存

卤料

A 八角2粒、山柰4~5片、葱3根、姜6片

B 米酒半杯、酱油1杯、水5杯、冰糖2大匙

做法

1 葱拍扁后切大段备用。

2 取一深锅，放入卤料A和卤料B，以中火煮滚，即为1份大肠专用卤汁。

注意事项

大肠有特殊的味道，所以这道卤汁只用来卤大肠。大肠带有油脂，冷食的话油脂凝结会影响口感，一定要热食。

◆ 香卤肥肠

卤制火候：小火　加盖：○
卤制时间：1小时　浸泡时间：30分钟

材料▷ **肥肠600克**　卤汁▷ **大肠专用卤汁1份**

做法▷

① 将肥肠先用清水洗净，利用筷子将肠子翻转后，用3大匙面粉及1大匙盐反复抓洗，反复冲水，直到没有黏液，放入滚水中氽烫后，捞起沥干水备用。

② 将大肠专用卤汁大火煮滚，放入肥肠，煮滚后改小火，盖上锅盖卤约1小时，熄火。

③ 浸泡约30分钟至入味，取出切小段后盛盘，撒上葱花或香菜。

◆ 香卤大肠头

卤制火候：小火　加盖：○
卤制时间：1小时20分钟　浸泡时间：30分钟

材料▷ **猪大肠头4条**　卤汁▷ **大肠专用卤汁1份**

做法▷

① 将大肠头先用清水洗净，用3大匙面粉及1大匙盐反复抓洗，反复冲水，直到没有黏液，放入滚水中氽烫后，捞起沥干水备用。

② 将大肠专用卤汁大火煮滚，放入大肠头，煮滚后改小火，盖上锅盖卤约1小时20分钟，熄火。

③ 浸泡约30分钟至入味，取出切小段后盛盘。

GOOD IDEA **好吃秘诀**
大肠头可买已经处理好的，卤前只要放入滚水中氽烫即可。

清宫御膳卤汁

这是由清朝宫廷流传下来的中药卤汁配方。卤好的茶叶蛋除了传统的茶叶的香气外，还带有当归、杜仲、桂枝等的中药味。经过一夜的浸泡，中药材精华渗入蛋中，除了补身养血外，药材香气更让人回味无穷！

- ·最速配的食材：蛋类
- ·适合食用方式：☐冷食 ☐热食 ☑皆可
- ·卤汁使用次数：2次
- ·卤汁保存方法：冷藏7天

卤料

A 当归3.75克、杜仲3.75克、桂枝3.75克、八角3.75克、花椒3.75克、红茶叶半杯

B 盐1大匙、壶底油1杯、高汤6杯

做法

1 将卤料A装入棉布袋中，收口绑紧备用。
2 取一深锅，放入卤料A和卤料B煮滚，即为1份清宫御膳卤汁。

卤汁增香技

这道卤汁主要用于卤茶叶蛋，为了增加卤汁的鲜味，制作时用高汤代替水。

◆清宫茶叶蛋

卤制火候：小火　加盖：○

卤制时间：1小时　浸泡时间：1~3天

材料▷鸡蛋20个　卤汁▷清宫御膳卤汁1份

做法▷

①鸡蛋放入锅中，倒入盖过鸡蛋的冷水，以小火煮滚，继续
　煮6分钟后捞起冲凉，用大汤匙将蛋壳略敲出裂纹备用。

②将清宫御膳卤汁大火煮滚，放入鸡蛋，煮滚后改小火，
　盖上锅盖卤约1小时，熄火。

③浸泡1夜或2~3天至入味，取出即可食用。

好吃秘诀

GOOD IDEA

* 鸡蛋壳较薄，煮鸡蛋要
  用冷水，这样蛋壳不容
  易破。

* 卤汁可视鸡蛋的数量增
  加，原则上要盖过食材
  2厘米以上。

* 浸泡入味的鸡蛋可直接
  食用，喜欢热食者也可
  将整锅加热后再食用。

万峦猪蹄卤汁

万峦猪蹄的特色是肉不仅有嚼劲，还有香甜味，而这是靠卤汁达成的。为了去掉猪蹄的肉腥味，卤汁的香料发挥了很重要的功能。这道卤汁用了较多的药材，其中八角、山奈、花椒，尤其是草果有去腥的功效，而陈皮可去油解腻，桂皮和甘草则有增加卤汁中的甘甜味的功能，让调制出的卤汁别有一番风味。

- 最速配的食材：猪蹄、肉类及内脏类
- 适合食用方式：☑冷食 ■热食 ■皆可
- 卤汁使用次数：2次
- 卤汁保存方法：冷藏7天或冷冻1个月

卤料

A 草果1颗、山奈3.75克、陈皮3.75克、桂皮3.75克、甘草3.75克、八角3.75克、花椒3.75克

B 葱2根、姜4片、米酒半杯、壶底油2杯、水10杯、冰糖半杯

做法

1 将卤料A装入棉布袋中，收口绑紧备用。
2 葱拍扁后切大段备用。
3 取一深锅，放入卤料A和卤料B煮滚，即为1份万峦猪蹄卤汁。

注意事项

卤汁中的壶底油也可用荫油替代。

◆万峦猪蹄

卤制火候：中小火　加盖：○
卤制时间：1小时　浸泡时间：1小时

材料▷

A　猪前蹄1只

B　酱油膏4大匙、蒜泥1大匙、
　　细砂糖2大匙

卤汁▷

万峦猪蹄卤汁1份

做法▷

① 猪蹄放入滚水中汆烫，捞起泡入冰水中至凉，再
　放入冷冻库中急速冷冻约1小时，取出备用。

② 将万峦猪蹄卤汁大火煮滚，放入猪蹄，煮滚后改
　中小火，盖上锅盖卤约1小时，熄火。

③ 浸泡1小时，取出放凉切片后盛盘。

④ 将材料B拌匀，即为蘸酱。

好吃秘诀 GOOD IDEA

＊ 卤汁可视猪蹄大小成倍增加，原则上要盖过食材2
　厘米以上。

＊ 猪蹄最重要的是汆烫后放入冰水中浸泡，一番热胀
　冷缩，外皮才会有弹性且口感佳。

＊ 万峦猪蹄以冷食为佳，因需蘸食浓郁的蒜茸油膏，
　所以不用浸泡到完全入味。

铁蛋专用卤汁

林老师这道专门用来卤铁蛋的卤汁，可使卤出来的铁蛋表面油亮发光，最特别的是完全没用香料，但卤出来的铁蛋却带有特殊的甘甜味。主要原因是运用了三种糖调味，其中占比最高的黑糖有焦香味，其次的二砂糖有蔗糖香，冰糖则可增加铁蛋的亮度，让卤出来的铁蛋色香味俱全。

· 最速配的食材：鸡蛋
· 适合食用方式：☑冷食 ■热食 ■皆可
· 卤汁使用次数：1~2次
· 卤汁保存方法：冷冻保存1个月

卤料

水7杯、酱油3杯、黑糖3杯、二砂糖1杯、冰糖1杯

做法

取一深锅，放入所有卤料，煮至糖溶化，即为1份铁蛋专用卤汁。

卤汁增香技

这道卤汁也可再加入1~2粒八角、7~8片甘草，让卤汁更甘香。

◆铁蛋

卤制火候：小火　加盖：○
卤制时间：2小时　浸泡时间：3小时

材料▷ 鸡蛋50个　**卤汁**▷ 铁蛋专用卤汁1份

做法▷

① 鸡蛋放入锅中，倒入盖过鸡蛋的冷水，以中火煮开后转小火煮7分钟至熟，取出泡冷水再剥壳成白煮蛋。

② 将铁蛋专用卤汁大火煮滚，放入白煮蛋，煮滚后改小火，盖上锅盖卤约2小时，熄火。

③ 浸泡约3小时至入味，取出后盛盘。

好吃秘诀

GOOD IDEA

* 卤制完成的铁蛋外皮又香又有弹性又入味，不像有些铁蛋外皮像橡皮筋一样难以咀嚼。要卤到口感刚好，火候和时间的掌控很重要。

* 若要做麻辣口味，只要多加半杯花椒、干辣椒，装入棉布袋中，放入卤汁中一起卤，就可以卤出麻辣口味的铁蛋。花椒和干辣椒可先用干锅炒香。

茶香卤汁

以茶叶为主角卤制的卤味较清香，带有淡淡的茶味，有别于浓郁的酱味；添加甘甜的八角、川芎及甘草，可让茶香卤汁不至于太涩。此配方中的红茶叶具有增色及提香的功能，若家中没有，也可用4袋红茶包替代，但是色泽及香气会差一些。

- 最速配的食材：头足类海鲜、蛋类
- 适合食用方式：☐冷食 ☐热食 ✔皆可
- 卤汁使用次数：1次
- 卤汁保存方法：不保存

卤料

A 红茶叶半杯、八角3.75克、甘草3.75克、川芎3.75克

B 酱油1杯、盐1大匙、水6杯、细砂糖2大匙

做法

1 将卤料A装入棉布袋中，收口绑紧备用。

2 取一深锅，放入卤料A和卤料B煮滚，即为1份茶香卤汁。

卤汁增香技

选用品质较好的红茶叶，卤汁中茶的香气会较足。

注意事项

食材在卤汁中泡久了会吸入茶涩味，适合卤制时间无须太长的食材。

◆茶香透抽

卤制火候：中小火　加盖：○
卤制时间：10分钟　浸泡时间：无

材料▷ 透抽2只　**卤汁**▷ 茶香卤汁适量

做法▷

① 透抽清除体内墨囊、软骨及眼球，洗净后备用。

② 取适量茶香卤汁（盖过透抽2厘米）大火煮滚，放入
透抽，煮滚后改中小火，盖上锅盖卤约10分钟，取
出切圈后盛盘。

好吃秘诀
GOOD IDEA

软管食材有腥膻味，建议单独取
适量卤汁卤制，以免杂质残留，
卤汁整体腐坏。除了透抽、花
枝、小管、章鱼都很适合用茶香
卤汁卤制。

◆茶叶蛋

卤制火候：中小火　加盖：○
卤制时间：30分钟
浸泡时间：1~2天

材料▷鸡蛋10个

卤汁▷茶香卤汁适量

做法▷

① 鸡蛋放入冷水中，以小火煮滚，继续煮6分钟后捞起冲凉，用大汤匙将蛋壳略敲出裂纹备用。

② 取适量茶香卤汁（盖过鸡蛋2厘米）大火煮滚，放入鸡蛋，煮滚后改中小火，盖上锅盖卤约30分钟，熄火。

③ 浸泡1~2天至入味，即可食用。

GOOD IDEA 好吃秘诀
把煮好的鸡蛋敲裂，有助于鸡蛋入味。

◆将军蛋

卤制火候：中小火　加盖：○
卤制时间：30分钟　浸泡时间：1~2天

延伸美味

材料▷鸡蛋12个

卤料▷

A 花椒2大匙、干辣椒半碗、甘草8片、川芎6片、八角4粒、红茶叶半碗

B 酱油1碗、水5碗、盐1大匙

做法▷

① 鸡蛋放入冷水中，以小火煮滚，继续煮6分钟后捞起冲凉，用大汤匙将蛋壳略敲出裂纹备用。

② 将卤料A装入棉布袋中，收口绑紧备用。

③ 取一深锅，放入卤料A、卤料B大火煮滚，放入鸡蛋，煮滚后改中小火，盖上锅盖卤约30分钟，熄火。

④ 浸泡1~2天至入味，即可食用。

酱香冰镇卤汁

酱香冰镇卤汁的特色是清香不腻。借助卤制及浸泡的过程，把动物的胶质释放在卤汁中，比较适合卤制肉类。卤好的食材连同卤汁一起冰镇后可直接食用，冰镇过口感较爽利，风味则是愈嚼愈香，很适合炎热的夏天。

· 最速配的食材：肉类、内脏类
· 适合食用方式：☑冷食 ■热食 ■皆可
· 卤汁使用次数：1次
· 卤汁保存方法：不保存

卤料

A 甘草3.75克、桂皮3.75克、八角3.75克、小茴香3.75克、陈皮3.75克、花椒3.75克

B 水3杯、酱油半杯、米酒半杯、冰糖2大匙

做法

1 将卤料A装入棉布袋中，收口绑紧备用。

2 取一深锅，放入卤料A和卤料B煮滚，即为1份酱香冰镇卤汁。

注意事项

因为是冰镇后食用，而肉在冰镇后会变硬，所以要卤烂点；卤的过程一定要盖上锅盖，一方面通过热气循环，肉会卤得更透，另一方面卤汁不会蒸发过多过快。

◆冰镇猪皮

卤制火候：小火　　加盖：○
卤制时间：40分钟　　浸泡时间：无

材料▷**猪皮（大方片）6片**　　卤汁▷**酱香冰镇卤汁适量**

做法▷

① 猪皮放入滚水中，以大火汆烫约3分钟后取
出，放凉，用刀刮除肥油，并将猪毛拔光洗
净。

② 取适量酱香冰镇卤汁（盖过猪皮2厘米）大火
煮滚，放入猪皮，煮滚后改小火，盖上锅盖
卤约40分钟，熄火。

③ 取出放凉后放入冰箱冰镇。

好吃秘诀

* 猪皮要选猪背部的皮，比
  较厚实，也较好处理，成
  品口感耐嚼些；不要选腹
  部的皮，较薄容易烂。

* 猪皮汆烫后，毛细孔打开
  更容易夹干净毛，所以汆
  烫后再夹毛。烫煮过后皮
  上的油脂也更好刮除，一
  定要刮掉油脂，不然会太
  油腻，影响口感。

* 冰镇猪皮从冰箱取出后可
  卷起来切圆圈状，吃起来
  很耐嚼。隔夜的猪皮会变
  硬，须再加热软化。

冰镇鸭翅

卤制火候：小火　加盖：○
卤制时间：1小时　浸泡时间：1小时

材料▷鸭翅6个　卤汁▷酱香冰镇卤汁适量

做法▷

①鸭翅放入滚水中汆烫，捞起拔去细毛，沥干水备用。

②取适量酱香冰镇卤汁（盖过鸭翅2厘米）大火煮滚，放入鸭翅，煮滚后改小火，盖上锅盖卤约1小时，熄火。

③浸泡约1小时至入味，取出放凉后放入冰箱冰镇。

GOOD IDEA 好吃秘诀

因冰镇后肉质会变硬，所以必须卤软烂些，才不会影响口感。

冰镇鸡胗

卤制火候：小火　加盖：○
卤制时间：30分钟
浸泡时间：30分钟

材料▷鸡胗600克

卤汁▷酱香冰镇卤汁适量

做法▷

①鸡胗剪去多余脂肪，再用清水反复搓洗，放入滚水中汆烫，捞起沥干水备用。

②取适量酱香冰镇卤汁（盖过鸡胗2厘米）大火煮滚，放入鸡胗，煮滚后改小火，盖上锅盖卤约30分钟，熄火。

③浸泡30分钟至入味，取出放凉后放入冰箱冰镇。

广式凉卤汁

广式凉卤汁和港式卤汁很像，也采用冰糖提鲜，差别在于广式凉卤汁配方的酱色没那么重，所以酱油是选用不加焦糖酱色的白荫油。这样卤汁不甜较清淡，更能品尝到原味，卤制后的食材也适合放凉再食用。

· 最速配的食材：肉类
· 适合食用方式：☑冷食 ■热食 ■皆可
· 卤汁使用次数：1次
· 卤汁保存方法：不保存

卤料

A 草果1颗、丁香1.875克、陈皮3.75克、桂皮3.75克、八角3.75克、小茴香3.75克、花椒3.75克、甘草3.75克、山奈3.75克

B 葱2根、姜6片、绍兴酒半杯、白荫油1杯、水6杯、冰糖1大匙

做法

1 将卤料A装入棉布袋中，收口绑紧备用。
2 葱拍扁后切大段备用。
3 取一深锅，放入卤料A和卤料B煮滚，即为1份广式凉卤汁。

注意事项

虽然是港式口味，但酱油千万别用上色的老抽。

◆广式卤鸭舌

卤制火候：中小火
加盖：○
卤制时间：20分钟
浸泡时间：无

材料▷鸭舌头20个

卤汁▷广式凉卤汁1份

做法▷

① 清洗鸭舌喉管内侧的污秽后，放入滚水中氽烫，捞起洗净，沥干水备用。

② 将广式凉卤汁大火煮滚，放入鸭舌，煮滚后改中小火，盖上锅盖卤约20分钟，取出放凉后食用。

◆广式卤鸭胗

卤制火候：小火　加盖：○
卤制时间：40分钟　浸泡时间：20分钟

材料▷鸭胗6个　**卤汁▷**广式凉卤汁1份

做法▷

① 鸭胗剪去多余脂肪，再用清水反复搓洗，放入滚水中氽烫后，捞起洗净，沥干水备用。

② 将广式凉卤汁大火煮滚，放入鸭胗，煮滚后改小火，盖上锅盖卤约40分钟，熄火。

③ 浸泡约20分钟至入味，取出放凉后食用。

好吃秘诀

GOOD IDEA

鸭胗肉质较有韧性，卤制的时间要比鸡胗长一些方可熟透。卤制前先用牙签在鸭胗上戳数个小洞，能使鸭胗加速吸入卤汁。

◆广式卤鸭翅

卤制火候：小火　加盖：○
卤制时间：40分钟　浸泡时间：40分钟

材料▷鸭翅6个　卤汁▷广式凉卤汁1份

做法▷

①鸭翅放入滚水中汆烫，捞起拔干净细毛，沥
　干水备用。

②将广式凉卤汁大火煮滚，放入鸭翅，煮滚后
　改小火，盖上锅盖卤约40分钟，熄火。

③浸泡约40分钟至入味，取出放凉后食用。

豆干专用卤汁

豆干专用卤汁以等比的最基本的水、酱油、冰糖（或二砂糖）、沙拉油来配制，香料也采用基本的八角和甘草。延伸美味则将这道卤汁略作调整变化：香卤豆干，酱油的比例多1倍、香料多了黄芪，多了酱香味；卤炸豆干，先把豆干炸过增加口感，调味料只用水、酱油、二砂糖调制，因豆干已经炸过，容易吸汁，卤汁以爽口为佳。

- 最速配的食材：小豆干、五香豆干
- 适合食用方式：☑冷食 ■热食 ■皆可
- 卤汁使用次数：1次
- 卤汁保存方法：不保存

卤料

A 八角2粒、甘草3片
B 酱油半杯、沙拉油半杯、冰糖半杯、水半杯

做法

取一深锅，放入卤料A和卤料B煮滚，即为1份豆干专用卤汁。

注意事项

这道卤汁用的材料很单纯，建议使用品质好的纯天然酿造酱油。

◆素卤小豆干

卤制火候：中火　加盖：×
卤制时间：45分钟　浸泡时间：9小时

材料▷**小豆干1500克**　卤汁▷**豆干专用卤汁适量**

做法▷

① 小豆干放入滚水中，汆烫至豆干涨大，捞起沥干水
备用。

② 取适量豆干专用卤汁（盖过小豆干2厘米）大火煮
滚，放入小豆干，煮滚后转中火，卤约15分钟（不
加锅盖），熄火，盖上锅盖闷约3小时。

③ 打开锅盖，继续以中火卤约15分钟，熄火后盖上锅
盖闷约3小时，再重复此操作1次至卤汁收干即可。

林老师说卤味 采用长时间闷泡的方
式，让卤汁慢慢渗入
小豆干中，保留卤汁
的精华且使豆干又香
又有咬劲，这是素食
者的最爱！

◆香卤豆干

卤制火候：小火　加盖：×
卤制时间：30分钟
浸泡时间：无

**延伸
美味**

材料▷

A 五香豆干1200克
B 八角3粒、甘草6片、黄芪6片

调味料▷

沙拉油半杯、冰糖半杯、酱油
1杯、水半杯

◆卤炸豆干

卤制火候：小火　加盖：×
卤制时间：30分钟
浸泡时间：1夜

延伸美味

材料▷ **五香豆干1200克**

卤料▷

A 八角2粒、甘草2片、花椒1小匙、丁香1小匙、山奈1小匙

B 酱油2杯、水8杯、二砂糖3大匙

做法▷

① 五香豆干放入170℃的油锅中，以中火炸至外皮突起、焦黄，捞起沥干油备用。

② 将卤料A装入棉布袋中，收口绑紧备用。

③ 取一深锅，放入卤料A和卤料B煮滚，放入炸好的五香豆干，煮滚，改小火卤30分钟，熄火后浸泡1夜。

好吃秘诀 GOOD IDEA
豆干卤之前先炸过，除可增加香气外，也可让卤出来的豆干吃起来较有嚼头。

做法▷

① 锅中加油半杯，放入冰糖，以小火炒焦香至起泡泡，再放入材料B和豆干翻炒均匀。

② 继续加入酱油和水拌炒，以小火加热，3～5分钟翻拌一次，炒约30分钟，至豆干上色、收汁。

③ 放凉后放入容器内冷藏，第二天更入味。

好吃秘诀 GOOD IDEA
* 若喜欢吃辣，在微收汁时可加入1大匙黑胡椒和辣椒酱拌匀。
* 豆干分白豆干、小豆干和五香豆干，最好买用非转基因大豆制作的，挑选时选摸起来比较软的。五香豆干还要多看外观，要选咖啡色、五香味较重的。

蔬食卤汁

将中药材的香气和蔬菜熬煮的高汤融合，形成特有的甘醇爽口的滋味，兼具营养和美味。蔬食卤汁清淡不油腻，卤好的食材散发清甜味道，除了素食者食用外，喜爱清爽口味的人也可享用。

- 最速配的食材：蔬菜、豆制品类
- 适合食用方式：☐冷食 ☐热食 ☑皆可
- 卤汁使用次数：1次
- 卤汁保存方法：不保存

卤料

A 甘草6片、桂皮2片、八角2粒

B 姜4片、素高汤6杯、酱油1杯、冰糖2大匙

做法

1 将卤料A装入棉布袋中，收口绑紧备用。

2 取一深锅，放入卤料A和卤料B煮滚，即为1份蔬食卤汁。

卤汁增香技

自己熬煮素高汤，做法为：锅中放入水3000毫升，以大火煮滚，放入黄豆芽600克、卷心菜片半棵、胡萝卜段1根、玉米段1根，大火煮滚后改小火，盖上锅盖，熬煮1小时，捞出材料，即为素高汤。

◆ 素卤面圆

卤制火候：**中小火**　加盖：○
卤制时间：**20分钟**　浸泡时间：**20分钟**

材料▷　**炸面圆600克**　卤汁　**蔬食卤汁适量**

做法▷

① 取适量蔬食卤汁（盖过面圆2厘米）大火煮滚，放入面圆，煮滚后改中小火，盖上锅盖卤约20分钟，熄火。

② 浸泡约20分钟至入味，取出后盛盘。

GOOD IDEA　好吃秘诀
炸面圆较厚硬，不易入味，因此要浸泡20分钟使其变软。

◆ 素卤杏鲍菇

卤制火候：**中小火**　加盖：○
卤制时间：**10分钟**
浸泡时间：**10分钟**

材料　**杏鲍菇300克**

卤汁　**蔬食卤汁适量**

做法

① 杏鲍菇用手撕成厚片，放入滚水中汆烫，捞起沥干水备用。

② 取适量蔬食卤汁（盖过杏鲍菇2厘米）大火煮滚，放入杏鲍菇，煮滚后改中小火，盖上锅盖卤约10分钟，熄火。

③ 浸泡10分钟至入味，取出切片后盛盘。

GOOD IDEA　好吃秘诀
杏鲍菇用手撕出粗糙表面，更容易吸附卤汁；用刀切，表面平滑，反而不易入味。

◆素卤百叶豆腐

卤制火候：小火　加盖：○
卤制时间：15分钟　浸泡时间：15分钟

材料▷**百叶豆腐2条**　卤汁▷**蔬食卤汁适量**

做法▷

① 百叶豆腐切1.5厘米厚的片，放入170℃的油锅中，以中火炸至表面微黄，捞起沥干油备用。

② 取适量蔬食卤汁（盖过百叶豆腐2厘米）大火煮滚，放入百叶豆腐，煮滚后改小火，盖上锅盖卤约15分钟，熄火。

③ 浸泡约15分钟至入味，取出后盛盘。

好吃秘诀
GOOD IDEA
酱油2大匙、糖1大匙、香油和香菜末少许拌匀，可当蘸酱；若喜欢吃辣，还可加辣椒末。

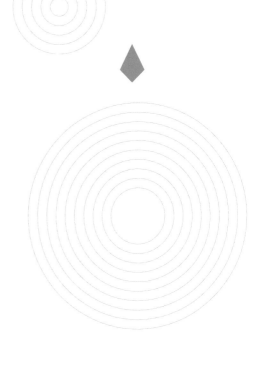

◆素卤豆肠

卤制火候：中小火　加盖：○
卤制时间：10分钟　浸泡时间：20分钟

材料▷**豆肠600克**　卤汁▷**蔬食卤汁适量**

做法▷

① 豆肠放入170℃的油锅中，以中火炸至表面微黄，捞起沥干油备用。

② 取适量蔬食卤汁（盖过豆肠2厘米）大火煮滚，放入豆肠，煮滚后改中小火，盖上锅盖卤约10分钟，熄火。

③ 浸泡约20分钟至入味，取出切小段后盛盘。

好吃秘诀
GOOD IDEA
炸过的豆肠又香又有弹性，再卤制才不容易软烂。豆制品类可以同锅卤制，但豆肠要提早10分钟取出，以免过咸、软烂。

♦素卤海带

卤制火候：小火　加盖：○
卤制时间：10分钟　浸泡时间：10分钟

材料▷**海带6条**　卤汁▷**蔬食卤汁适量**

做法▷

① 取适量蔬食卤汁（盖过海带2厘米）大火煮滚，放入海带（把海带卷起来用牙签固定），煮滚后改小火，盖上锅盖卤约10分钟，熄火。

② 浸泡10分钟至入味，取下牙签，放凉切小段即可盛盘。

♦素卤素鸡

卤制火候：中小火　加盖：○
卤制时间：30分钟
浸泡时间：半天

材料▷**素鸡5个**

卤汁▷**蔬食卤汁适量**

做法▷

① 取适量蔬食卤汁（盖过素鸡2厘米）大火煮滚，放入素鸡，煮滚后改中小火，盖上锅盖卤约30分钟，熄火。

② 浸泡约半天至入味，取出切片后盛盘。

◆素卤素鸡胗

卤制火候：中小火　加盖：○
卤制时间：30分钟
浸泡时间：半天

材料▷素鸡胗300克

卤汁▷蔬食卤汁适量

做法▷

① 取适量蔬食卤汁（盖过素鸡胗2厘米）大火煮滚，放入素鸡胗，煮滚后改中小火，盖上锅盖卤约30分钟，熄火。

② 浸泡半天至入味，取出切片后盛盘。

◆素卤素腰花

卤制火候：中小火　加盖：○
卤制时间：10分钟　浸泡时间：10分钟

材料▷素腰花300克　卤汁▷蔬食卤汁适量

做法▷

① 取适量蔬食卤汁（盖过素腰花2厘米）大火煮滚，放入素腰花，煮滚后改中小火，盖上锅盖卤约10分钟，熄火。

② 浸泡约10分钟至入味，取出后盛盘。

加热卤味卤汁

加热卤味卤汁适合氽烫即熟的食材，或本身已熟的鱼浆制品。至于需先卤制好再加热的食材，如肉类、内脏、豆干、素鸡、海带等，只要在食用前放入加热卤汁中烫热即可。加热后再根据个人喜好拌入调味料与配菜。这道卤汁以适合各种材料的简易配方为原则，这样才能尝到食物的鲜甜滋味。

- 最速配的食材：肉类、内脏、豆干、素鸡、海带、蔬菜类及鱼浆制品
- 适合食用方式：■冷食 ☑热食 ■皆可
- 卤汁使用次数：1~2次
- 卤汁保存方法：冷藏7天

卤汁增香技

卤制的食材要么是快速氽烫就会熟的，要么是已经熟的，所以卤汁中要用高汤代替水，增加鲜味。而酱油则建议使用纯天然酿造的，以增加甘甜味。

卤料

A 八角2粒、桂枝1.875克、甘草1片
B 酱油半杯、高汤8杯

做法

1 将卤料A装入棉布袋中，收口绑紧备用。
2 取一深锅，放入卤料A和卤料B煮滚，即为1份加热卤味卤汁。

自制炒酸菜

材料▷ **酸菜帮子300克、辣椒1根**

调味料▷ **二砂糖适量**

做法▷

① 酸菜帮子放入清水中浸泡5分钟去除咸味，取出切成拇指大小的块状；辣椒切圈，备用。

② 干锅中放入酸菜帮子，以小火煸干，捞起。

③ 原锅加少许油，放入辣椒圈炒香，再放入酸菜帮子，加糖拌炒1分钟即可。

◆混合加热卤味

做法▷

将加热卤味卤汁煮滚后，取适量喜爱的食材放入卤汁中烫熟（参考下表），捞起盛盘，再拌入适量调味料及配菜即可。

调味料▷

常规：胡椒盐、沙茶酱、香油

辣味：辣椒酱、沙茶酱、香油

配菜▷

炒酸菜适量

蘸酱做法▷

将葱花1大匙、姜末1大匙、蒜末1大匙、红辣椒末1大匙、酱油6大匙、香油1大匙，放入干净容器中拌匀即可。

加热卤味卤制时间表

品项		时间
蔬菜类 ▶ 易熟：罗马生菜、生菜、小豆苗、豆芽菜		1～2分钟
带菜帮子或不易熟：卷心菜、西蓝花、花菜、青椒、四季豆、玉米笋		2～4分钟
菇类 ▶ 鲜香菇、金针菇、杏鲍菇		1～3分钟
火锅料 ▶ 甜不辣、小竹轮、黑轮、小火腿肠、水晶饺等		1～2分钟
面条类 ▶ 易熟：方便面、冬粉、魔芋丝等		1～2分钟
不易熟：乌冬面、意面等		2～3分钟
其他类 ▶ 豆皮卷、猪血糕、鹌鹑蛋等		1～3分钟

麻辣烫卤汁

麻辣烫卤汁滋味浓郁。卤汁配方以四川椒麻香料为主，花椒以四川大红袍最为香麻够劲。卤汁入口温顺，辣味层次明显，适合用在蔬菜、豆腐类、菇类等本身没有特殊味道的食材上，这样的食材才能在吸附汤汁的同时，不会干扰到卤汁，引发串味的麻烦。

- 最速配的食材：肉类、内脏类、蔬菜类、豆腐类、菇类、火锅类
- 适合食用方式：■冷食 ✓热食 ■皆可
- 卤汁使用次数：1次
- 卤汁保存方法：不保存

卤料

A 八角2粒、朝天椒干辣椒半碗、花椒2大匙、甘草5片

B 沙拉油2大匙、酱油半杯、辣豆瓣酱3大匙、高汤8杯

做法

1 起油锅，加入2大匙沙拉油，放入八角、干辣椒和花椒，以小火炒香，取出装入棉布袋中，收口绑紧备用。

2 原炒锅放入辣豆瓣酱，以小火炒香，放入甘草、做法1的卤包、酱油和高汤煮滚，即为1份麻辣烫卤汁。

注意事项

海鲜会有腥味，放入会串味，建议最好不用海鲜类食材。

◆混合麻辣烫卤味

做法▷

将麻辣烫卤汁煮滚后，取适量喜爱的食材放入卤汁中烫熟（参考下表），捞起盛盘，再拌入适量葱花、酸菜即可。

调味料▷

胡椒盐、香油

配菜▷

炒酸菜（做法见P110）

麻辣烫卤味卤制时间表

品项	时间
蔬菜类 ▷ 大白菜、卷心菜等带菜帮子的蔬菜	2~4分钟
菇类 ▷ 鲜香菇、金针菇、杏鲍菇	1~3分钟
豆制品类 ▷ 豆皮、冻豆腐等	1~3分钟
火锅料 ▷ 甜不辣、小竹轮、黑轮、小火腿肠、水晶饺、火锅丸子等	1~2分钟
面条类 ▷ 干意面、方便面等主食（不宜氽烫过久，以免太辣或过于软烂）	1~2分钟
其他类 ▷ 猪血糕、鹌鹑蛋等	1~3分钟

烟熏卤味

烟熏卤味要用卤好或煮熟的食材制作，跟一般卤味相比，烟熏卤味多了烟熏的香气。卤好的食材像是肉类、内脏类、豆制品类、贡丸和甜不辣都可以拿来烟熏，其中以万用卤汁、茶香卤汁和酱香冰镇卤汁卤出的卤味最为适合。可先放入烟熏料，再排入食材，用茶、糖和米将食材熏出香味与色泽，吃热的或冷的都适宜。烟熏料中放入米，是为了让烟冒出的速度不致太快，以免食材还没熏上色就不冒烟了，导致香气不足；糖除了用二砂糖外，也可以改用黑糖，增加糖的焦香味。

注意事项

◆ 网架要架高些，才能跟烟熏料有一定的高差，建议用尺寸大的炒锅，可把家中闲置不用的大炒锅拿出来使用。

◆ 炒锅内一定要铺上铝箔纸，熏好后直接取掉铝箔纸即可，不然熔化的糖很难清洗。

◆混合烟熏卤味

卤制火候：中火　加盖：○　卤制方式：烟熏法

烟熏料▷

白米2大匙、红茶2大匙、二砂糖半杯

材料▷

A 熟花枝1只（约525克）、
　卤熟的鸭翅2个（卤法见P32）、甜不辣1片、
　卤熟的五香豆干3块（卤法见P43）

B 卤熟的猪舌1个（卤法见P53）、
　卤熟的猪耳朵1副（卤法见P37）、
　卤熟的鸭胗2个（卤法见P99）、贡丸2颗

好吃秘诀

熟花枝的做法：花枝处理干净，将2节葱段、4片姜片、1大匙盐和4大匙米酒放入滚水中，再放入花枝，以中小火煮约15分钟至熟。

做法▷

① 炒锅内铺上铝箔纸，撒上混合的烟熏料，架上网架，排入材料A。

② 盖上用铝箔包裹住的锅盖，开中火，直到浓烟冒出，将材料A熏至琥珀色泽，翻面再熏至琥珀色泽，即可取出。

③ 将花枝、甜不辣、豆干切片，鸭翅整只放入盘中。

④ 重复放入相同分量的烟熏料，架上网架，排入材料B，依步骤②、③的方法完成。

第二篇

健康养生的红卤

卤汁以红糖取代酱色，
呈现出漂亮、诱人的色泽

红 糟 卤 汁

红糟是由米和红曲菌种发酵而成，是酿酒沉淀后的产物。红糟是福州菜经常使用的调味品，客家人特别喜欢这种味道。这次将红糟用在卤汁中，让卤味带有淡淡的酒糟香，看起来红彤彤的，热闹讨喜，除吃起来甘甜之外，味道还富有层次和变化。喜欢红糟的朋友不妨试试看！

- 最速配的食材：肉类、内脏类、蔬菜及蛋类
- 适合食用方式：■冷食 ■热食 ✓皆可
- 卤汁使用次数：1次
- 卤汁保存方法：不保存

卤料

A 八角2粒、桂枝3.75克
B 葱2根、姜8片、红糟300克、
　盐1大匙、细砂糖4大匙、水4杯

做法

1 将卤料A装入棉布袋中，收口绑紧备用。

2 葱拍扁后切大段备用。

3 取一深锅，放入卤料A和卤料B煮滚，即为1份红糟卤汁。

自制客家红糟

材料▷

圆糯米600克、纯米酒（芙月米酒1瓶）600克、红曲米37.5克

做法▷

① 圆糯米洗净沥干水，放入大同电锅内锅，加2.4杯水，外锅加1杯半水，按下按键煮至跳起。

② 取出糯米饭拌开摊凉，放入红曲米与米酒拌匀。

③ 装入玻璃容器内，每天搅拌2次左右，约7天发酵完成。

注：不冷藏可加37.5克盐拌匀存放。

卤汁增香技

红糟最好使用道地的福州红糟，味道最香醇；若买不到，也可用金门、马祖或是客家红糟代替，要选原味的。

注意事项

红糟带有米粒，煮的时候要稍微搅拌，以免粘锅烧焦。

◆卤红糟鱿鱼

卤制火候：小火　加盖：○
卤制时间：2分钟
浸泡时间：10分钟

材料▷ **水发鱿鱼1条**

卤汁▷ **红糟卤汁适量**

做法▷

① 剥除鱿鱼外膜及内面软骨，由内面划交叉花纹后再切成小片，放入滚水中氽烫，捞起沥干水备用。

② 取适量红糟卤汁（盖过鱿鱼1厘米）大火煮滚，放入鱿鱼，煮滚后改小火，盖上锅盖卤约2分钟，熄火。

③ 浸泡约10分钟至入味，取出后盛盘。

好吃秘诀
红糟含浓郁的酒糟香，除了增添香味外，还能去除鱿鱼的腥臭味。

◆卤红糟猪皮

卤制火候：小火　加盖：○
卤制时间：50分钟　浸泡时间：20分钟

材料▷ **猪皮600克**　卤汁▷ **红糟卤汁1份**

做法▷

① 猪皮放入滚水中，以大火氽烫约3分钟后取出，放凉，用刀刮除肥油，并将猪毛拔光洗净。

② 将红糟卤汁大火煮滚，放入猪皮，煮滚后改小火，盖上锅盖卤约50分钟，熄火。

③ 浸泡约20分钟至入味，取出切块后盛盘。

林老师说食材
福州人很爱红糟，制作时间固定在每年冬至前后1星期，用低温长时间酿造；道地的福州人制作红糟的时候也是很隆重的家族聚会的时刻，家族成员一年一会，约好时间聚在一起齐心协力共同完成，待发酵好，大伙平均分配。

◆卤红糟五花肉

卤制火候：小火　加盖：○
卤制时间：40分钟　浸泡时间：40分钟

材料▷**五花肉1条（约600克）**
卤汁▷**红糟卤汁1份**

做法▷

① 将红糟卤汁大火煮滚，放入五花肉，煮滚后
改小火，盖上锅盖卤约40分钟，熄火。

② 浸泡约40分钟至入味，取出切块后盛盘。

 **好吃秘诀**
五花肉也可先切块再
卤，更易入味。

◆卤红糟猪舌头

卤制火候：小火　加盖：○
卤制时间：40分钟　浸泡时间：40分钟

材料▷**猪舌2个**　卤汁▷**红糟卤汁1份**

做法▷

① 以利刀将猪舌中的舌骨切除，再放入滚水
中汆烫，捞起立即放入清水中冷却，再清
洗喉管内侧的污秽，刮除白色的舌苔，洗
净沥干水备用。

② 将红糟卤汁大火煮滚，放入猪舌，煮滚后
改小火，盖上锅盖卤约40分钟，熄火。

③ 浸泡约40分钟至入味，取出切片后盛盘。

◆卤红糟猪尾巴

卤制火候：中小火　加盖：○
卤制时间：1小时　浸泡时间：20分钟

材料▷猪尾巴600克　卤汁▷红糟卤汁1份

做法▷

① 将猪尾巴剁成2厘米长的小段，放入滚水中汆烫，捞起拔除细毛，洗净沥干水备用。

② 将红糟卤汁大火煮滚，放入猪尾巴，煮滚后改中小火，盖上锅盖卤约1小时，熄火。

③ 浸泡约20分钟至入味，取出后盛盘。

◆卤红糟猪头皮

卤制火候：小火　加盖：○
卤制时间：50分钟
浸泡时间：30分钟

材料▷猪头皮1副

卤汁▷红糟卤汁1份

做法▷

① 猪头皮放入滚水中汆烫，捞起沥干水备用。

② 将红糟卤汁大火煮滚，放入猪头皮，煮滚后改小火，盖上锅盖卤约50分钟，熄火。

③ 浸泡约30分钟至入味，取出切片后盛盘。

卤红糟鸭腿

卤制火候：小火　加盖：○
卤制时间：40分钟　浸泡时间：40分钟

材料▷鸭腿2只　卤汁▷红糟卤汁1份

做法▷

① 鸭腿放入滚水中氽烫，捞起沥干水备用。

② 将红糟卤汁大火煮滚，放入鸭腿，煮滚后改小火，盖上锅盖卤约40分钟，熄火。

③ 浸泡约40分钟至入味，取出后盛盘。

卤红糟翅小腿

卤制火候：小火　加盖：○
卤制时间：20分钟
浸泡时间：20分钟

材料▷翅小腿10个

卤汁▷红糟卤汁1份

做法▷

① 翅小腿放入滚水中氽烫，捞起沥干水备用。

② 将红糟卤汁大火煮滚，放入翅小腿，煮滚后改小火，盖上锅盖卤约20分钟，熄火。

③ 浸泡约20分钟至入味，取出后盛盘。

◆卤红糟鸭蛋

卤制火候：小火　加盖：○
卤制时间：20分钟
浸泡时间：1夜

材料▷ **生鸭蛋10个**

卤汁▷ **红糟卤汁适量**

做法▷

① 生鸭蛋放入冷水中，以中火煮滚，继续煮8分钟后捞出冲凉，剥除外壳备用。

② 取适量红糟卤汁（盖过鸭蛋2厘米）大火煮滚，放入鸭蛋，煮滚后改小火，盖上锅盖卤约20分钟，熄火。

③ 浸泡一夜至入味，即可取出食用。

◆卤红糟杏鲍菇

卤制火候：小火　加盖：○
卤制时间：5分钟　浸泡时间：10分钟

材料▷ **杏鲍菇225克**　卤汁▷ **红糟卤汁适量**

做法▷

① 杏鲍菇用手撕成厚片，放入滚水中汆烫，捞起沥干水备用。

② 取适量红糟卤汁（盖过杏鲍菇2厘米）大火煮滚，放入杏鲍菇，煮滚后改小火，盖上锅盖卤约5分钟，熄火。

③ 浸泡约10分钟至入味，取出后盛盘。

好吃秘诀

GOOD IDEA

＊ 杏鲍菇用手撕出粗糙表面，更容易吸附卤汁；用刀切，表面平滑，反而不易入味。

＊ 杏鲍菇汆烫过可去菌腥味。

123

第三篇

原汁原味的白卤

卤汁以盐、酒香、香料调味，
呈现食材原本色泽，凸显食材的鲜味

盐水卤汁

单纯以盐水卤制的卤汁，味道清香宜人，是最能直接吃到食物原汁原味的卤汁。除了作为主角的盐以外，林老师的卤汁中配有陈皮、桂皮和八角三种香料，咸中带有淡淡的香气，格外美味，这是林老师引以为豪的卤汁之一，也获得很多人的赞许。

- 最速配的食材：肉类、内脏类、花生、豆干、蔬菜类
- 适合食用方式：☑冷食 ■热食 ■皆可
- 卤汁使用次数：1次
- 卤汁保存方法：不保存

卤料

A 陈皮7.5克、桂皮7.5克、八角7.5克

B 葱2根、姜4片、钻石盐3大匙、鸡精2大匙、米酒半杯、水10杯

做法

1 将卤料A装入棉布袋中，收口绑紧备用。

2 葱拍扁后切大段备用。

3 取一深锅，放入卤料A和卤料B煮滚，即为1份盐水卤汁。

卤汁增香技

作为主角的盐，林老师用的钻石盐，咸中带甘甜味，让卤汁特别美味。

◆ 盐水鸭

卤制火候：中火　　加盖：○
卤制时间：40～50分钟　　浸泡时间：无

材料▷ 全鸭1只、盐3大匙、白胡椒粉2大匙

卤汁▷ 盐水卤汁1份

做法▷

① 鸭身均匀抹上盐和白胡椒粉，腌约7小时。

② 将盐水卤汁大火煮滚，放入全鸭，煮滚后改
中火，盖上锅盖卤40～50分钟，熄火。

③ 取出，待稍凉切块后盛盘。

好吃秘诀 GOOD IDEA

肉类放凉后再切块，其肉组织
较不容易散开。鸡鸭要先抹盐
及胡椒粉腌制，卤好后无须浸
泡，这样卤制完成的肉质才保
有咸香味。

◆ 盐水猪蹄

卤制火候：中小火　　加盖：○
卤制时间：1小时　　浸泡时间：1小时

材料▷ 猪蹄1只　　卤汁▷ 盐水卤汁1份

做法▷

① 猪蹄剁小块后放入滚水中汆烫，捞起沥干
水备用。

② 将盐水卤汁大火煮滚，放入猪蹄，煮滚后
改中小火，盖上锅盖卤约1小时，熄火。

③ 浸泡1小时至入味，取出后盛盘。

◆ 盐水猪肝

卤制火候：文火　　加盖：○
卤制时间：10分钟　　浸泡时间：25分钟

材料▷ 猪肝半副　　卤汁▷ 盐水卤汁适量

做法▷

① 用牙签刺猪肝，让淤血流出，浸泡于清水
中，充分放血，反复清洗干净备用。

② 取适量盐水卤汁（盖过猪肝2厘米）大火煮
滚，放入猪肝，煮滚后改文火，盖上锅盖
卤约10分钟，熄火。

③ 浸泡约25分钟至卤汁凉，取出切片后盛盘。

好吃秘诀 GOOD IDEA

猪肝煮过头或火候太大，肉质会变硬，
因此时间及火候的掌控很重要。

盐水牛腱

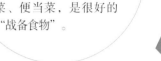

卤制火候：中火　加盖：○
卤制时间：1小时30分钟　浸泡时间：1夜

材料▷ **牛腱心1800克**　卤汁▷ **盐水卤汁1份**

做法▷

① 牛腱心放入滚水中汆烫，捞起沥干水备用。

② 将盐水卤汁大火煮滚，放入牛腱心，煮滚后改中火，盖上锅盖卤约1小时30分钟，熄火。

③ 浸泡一夜至入味，取出切薄片后盛盘。

林老师说卤味

牛腱卤制时间较长，平时卤一次不妨多卤些，卤好后滤除汤汁分装，再放入冰箱冷冻，食用前置室温下解冻即可。可当下酒菜、便当菜，是很好的"战备食物"。

盐水鸡腿

卤制火候：中小火　加盖：○
卤制时间：30分钟
浸泡时间：30分钟

材料▷ **仿土鸡鸡腿4只**

卤汁▷ **盐水卤汁1份**

做法▷

① 鸡腿放入滚水中汆烫，捞起洗净，沥干水备用。

② 将盐水卤汁大火煮滚，放入鸡腿，煮滚后改中小火，盖上锅盖卤约30分钟，熄火。

③ 浸泡约30分钟至入味，取出后盛盘。

好吃秘诀

GOOD IDEA

盐水鸡是凉着吃的，建议选用仿土鸡，做出来的鸡肉比较有嚼头。

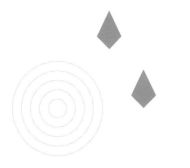

◢盐水鸡胗

卤制火候：中小火　加盖：○
卤制时间：25分钟
浸泡时间：25分钟

材料▷ 鸡胗600克

卤汁▷ 盐水卤汁半份

做法▷

① 鸡胗剪去多余脂肪，再用清水反复搓洗，放入滚水中汆烫，捞起沥干水备用。

② 将盐水卤汁大火煮滚，放入鸡胗，煮滚后改中小火，盖上锅盖卤约25分钟，熄火。

③ 浸泡25分钟至入味，取出后盛盘。

◢盐水花生

卤制火候：中小火　加盖：○
卤制时间：50分钟　浸泡时间：无

材料▷ 生花生300克　**卤汁▷** 盐水卤汁半份

做法▷

① 花生洗净沥干水装入塑料袋中，放入冰箱冷冻室冷冻一夜。

② 将盐水卤汁大火煮滚，放入花生，煮滚后改中小火，盖上锅盖卤约50分钟至软，熄火，取出后盛盘。

GOOD IDEA

好吃秘诀

＊ 生花生久煮不易软烂，可用清水洗净后沥干水，装入塑胶袋中放入冰箱冷冻室冷冻一夜，如此破坏花生组织，可缩短烹煮时间。

＊ 花生卤后会释放出酸味，要单独卤或最后卤。

酒香卤汁

卤汁中包含药材与酒，不仅具有养身补血的作用，还能充分发挥提香与除腥的效果。卤汁中的酒，林老师不爱用绍兴酒，而是惯用红露酒和米酒，以2：1的比例调制，这样调出的配方香气最足。采用浸泡的方式利用这道卤汁制作卤味，使食材特别爽口。

- 最速配的食材：鸡肉、鸡腿、虾等
- 适合食用方式：☑冷食 ■热食 ■皆可
- 卤汁使用次数：1次
- 卤汁保存方法：不保存

卤料

A 当归3.75克、川芎3.75克、桂枝3.75克、红枣3.75克、枸杞3.75克

B 红露酒2瓶、米酒1瓶、盐1大匙

做法

1 将卤料A装入棉布袋中，收口绑紧备用。

2 取一深锅，放入卤料A和卤料B煮滚，即为1份酒香卤汁。

注意事项

◆ 酒香卤汁不能煮太久，以免酒的香气蒸发散尽。

◆ 用浸泡法做卤味，卤汁要放凉才可使用。

 醉元蹄

卤制方式：浸泡法
浸泡时间：2～3天

材料▷ 猪后蹄6只

卤汁▷ 酒香卤汁1份

◆ 醉虾

卤制方式：**浸泡法**　浸泡时间：**1~2天**

材料▷ **白虾600克**　卤汁▷ **酒香卤汁适量**

做法▷

① 白虾挑除肠泥、剪掉须部，放入加了少许酒的滚水中氽烫2分钟。

② 取出烫好的虾，立刻放入冰开水中浸泡至完全变凉，捞起沥干水。

③ 将泡凉的虾放入适量酒香卤汁（盖过虾即可）中，移入冰箱冷藏，浸泡1~2天至入味，取出后盛盘。

好吃秘诀
GOOD IDEA
烫过的虾一定要用冰开水冰镇，可以让虾的肉质收缩，变得紧实、有弹性。

◆ 醉鸡胗

卤制方式：**浸泡法**　浸泡时间：**1天**

材料▷ **鸡胗300克**　卤汁▷ **酒香卤汁半份**

做法▷

① 鸡胗剪去多余脂肪，用清水反复搓洗。

② 将鸡胗放入滚水中氽烫后，捞起放入另一锅滚水中，以中火煮约25分钟至熟。

③ 取出鸡胗，立刻放入冰开水中泡凉，捞起沥干水。

④ 将泡凉的鸡胗放入酒香卤汁中，移入冰箱冷藏，浸泡约1天至入味，取出即可食用。

做法▷

① 猪蹄切小块后放入滚水中氽烫，捞起放入另一锅滚水中，以中火煮约1小时20分钟至软烂。

② 取出猪蹄，立刻放入冰开水中泡凉，捞起沥干水。

③ 将泡凉的猪蹄放入酒香卤汁中，移入冰箱冷藏，浸泡2~3天至入味，取出后盛盘。

好吃秘诀
GOOD IDEA
以浸泡法卤好的猪蹄一点也不油腻，还带有爽脆的口感。

◆醉鸡腿

卤制方式：**浸泡法**　浸泡时间：2～3天

材料▷ **去骨仿土鸡鸡腿2只**　卤汁▷ **酒香卤汁1份**

做法▷

① 鸡腿放入滚水中氽烫，捞起放入另一锅滚水中，以中火煮约25分钟至熟。

② 取出鸡腿，立刻放入冰开水中泡凉，捞起沥干水。

③ 将泡凉的鸡腿放入酒香卤汁中，移入冰箱冷藏，浸泡2～3天至入味，取出切块后盛盘。

好吃秘诀

GOOD IDEA

＊ 鸡腿煮熟后立刻放入冰水中浸泡，可使外皮急速冷缩形成爽脆的口感，而且也可以洗掉鸡腿表面的胶质。

＊ 浸泡时必须放入冰箱冷藏，卤汁才不会坏掉。

◆醉转弯

卤制方式：浸泡法　浸泡时间：1天

材料▷ **鸡翅6个**　卤汁▷ **酒香卤汁1份**

做法▷

① 鸡翅放入滚水中汆烫，捞起放入另一锅滚水中，以中火煮约20分钟至熟。

② 取出鸡翅，立刻放入冰开水中泡凉，捞起沥干水。

③ 将泡凉的鸡翅放入酒香卤汁中，移入冰箱冷藏，浸泡约1天至入味，取出后盛盘。

◆醉鹌鹑蛋

卤制方式：浸泡法
浸泡时间：1天

材料▷ **熟鹌鹑蛋300克**

卤汁▷ **酒香卤汁适量**

做法▷

① 将鹌鹑蛋放入适量酒香卤汁（盖过鹌鹑蛋即可）中。

② 移入冰箱冷藏，浸泡约1天至入味，取出后盛盘。

西式香料卤汁

西式香料卤汁主要以意大利混合香料调出味道。意大利混合香料由欧芹、罗勒和奥勒冈等调配而成,清新芬芳,口感温和;虽少了中式香料的浓郁香气,却多了雅致的淡淡香气,非常适合卤制海鲜类食材,会给食用者带来清爽柔和之感!

- 最速配的食材:海鲜类或常用于西式料理的马铃薯
- 适合食用方式:■冷食 ☑热食 ■皆可
- 卤汁使用次数:1次
- 卤汁保存方法:不保存

卤料

A 意大利混合香料1大匙、月桂叶3片、桂皮3.75克

B 盐1大匙、高汤3杯、白胡椒粉1小匙

做法

1 将卤料A装入棉布袋中,收口绑紧备用。

2 取一深锅,放入卤料A和卤料B煮滚,即为1份西式香料卤汁。

卤汁增香技

意大利混合香料,林老师用的是香气十足的小磨坊产品。

注意事项

意大利混合香料虽然美味,但不可放太多,否则味道会太呛。

◆香料卤小卷

卤制火候:**中小火**　加盖:○
卤制时间:**5分钟**　浸泡时间:**20分钟**

材料▷**小卷300克**

卤汁▷**西式香料卤汁适量**

香料卤马铃薯

卤制火候：**中小火**　加盖：○
卤制时间：**15分钟**　浸泡时间：**15分钟**

材料▷ **马铃薯2个**　卤汁▷ **西式香料卤汁适量**

做法▷

① 马铃薯去皮后切大块。

② 取适量西式香料卤汁（盖过马铃薯2厘米）大火煮滚，放入马铃薯，煮滚后改中小火，盖上锅盖卤约15分钟，熄火。

③ 浸泡约15分钟至入味，取出后盛盘。

香料卤翅小腿

卤制火候：**小火**　加盖：○
卤制时间：**20分钟**　浸泡时间：**20分钟**

材料▷ **翅小腿6个**　卤汁▷ **西式香料卤汁1份**

做法▷

① 翅小腿放入滚水中汆烫，捞起沥干水备用。

② 将西式香料卤汁大火煮滚，放入翅小腿，煮滚后改小火，盖上锅盖卤约20分钟，熄火。

③ 浸泡约20分钟至入味，取出后盛盘。

做法▷

① 将小卷清除眼球、体内墨囊和软骨，洗净后备用。

② 取适量西式香料卤汁（盖过小卷2厘米）大火煮滚，放入小卷，煮滚后改中小火，盖上锅盖卤约5分钟，熄火。

③ 浸泡约20分钟至入味，取出后盛盘。

好吃秘诀
GOOD IDEA
小卷可换成透抽、墨鱼，
各有各的风味。

糟卤

糟卤是一种来自上海的调味料，是由酒糟中提取出香气浓郁的糟汁，加入辛香调味料精制而成的香糟，透明无沉淀物，可以拿来直接浸泡食材，做出来的菜肴带有独特的酒香气，吃起来鲜咸适中。

糟卤卤味是江浙一带夏天常食用的凉菜，也可当下酒菜和解馋的小零嘴。荤素类都可做，素食类有毛豆、花生、茭白、豆干和杏鲍菇等；荤食类有鸡爪、鸡胗、鸭舌、鸡翅和猪蹄等。素食类和荤食类的做法略有区别：素食类是加香料煮熟，而荤食类需要多加绍兴酒或辛香料进行去腥处理，之后都是直接浸泡在糟卤里冰镇入味。

注意事项

糟卤通常都是现用，使用过的糟卤不能重复使用。

◆糟卤毛豆

卤制方式： 浸泡法　**浸泡时间：** 2小时

材料▷ **毛豆150克、八角2粒**

卤汁▷ **糟卤1杯**

做法▷

① 锅中放入八角和盖过食材的水，煮滚，放入毛豆，煮滚后改中火，盖上锅盖煮约5分钟，熄火，取出沥干放凉。

② 将做法①的食材放入容器内，倒入糟卤，浸泡2小时至入味。

GOOD IDEA **好吃秘诀**

煮毛豆要保持毛豆的鲜绿色，所以不要煮太久；而且煮太久豆荚会裂开，会过于软烂，影响口感。

◆糟卤鹌鹑蛋

卤制方式：浸泡法
浸泡时间：半天

材料▷

鹌鹑蛋20个、八角1粒
桂皮1片、葱段1把

卤汁▷ **糟卤1杯**

做法▷

① 锅中加入八角、桂皮、葱段和盖过食材的水，煮滚，放入鹌鹑蛋，再次煮滚后改中小火，盖上锅盖煮约5分钟，熄火。

② 取出鹌鹑蛋，立刻放入冰开水中泡凉，捞起沥干水。

③ 将鹌鹑蛋放入容器内，倒入糟卤，移入冰箱冷藏，浸泡半天至入味，取出后盛盘。

◆糟卤白豆干

卤制方式：浸泡法　　浸泡时间：半天

材料▷ **白豆干300克、八角2粒**　　卤汁▷ **糟卤1杯**

做法▷

① 锅中放入八角和盖过食材的水，煮滚，放入白豆干，煮滚后改中火，盖上锅盖煮约4分钟，熄火，取出沥干放凉。

② 将白豆干放入容器内，倒入糟卤，浸泡半天至入味。

好吃秘诀
GOOD IDEA
糟卤是白卤的一种，建议豆干选用白豆干，才容易观察上色情况。

◆醉猪蹄

卤制方式：浸泡法
浸泡时间：1～2天

材料▷

猪后蹄900克、花椒1大匙、
姜6片

卤汁▷

A 糟卤1杯、花雕酒（或绍
 兴酒）半杯

B 热水1杯、盐1小匙、冰糖
 1大匙

做法▷

① 猪后蹄剁块，放入滚水中
 煮5分钟，取出拔除细毛
 洗净。

② 另取一锅，放入花椒、姜
 片和盖过食材的水，煮
 滚，放入猪蹄，再煮滚后
 改中小火，盖上锅盖煮2
 小时，熄火。

③ 将猪蹄取出，立刻放入冰
 开水中泡凉，捞起沥干
 水。

④ 用热水将盐及冰糖拌溶。

⑤ 容器内放入泡凉的猪蹄、
 糟卤、花雕酒及做法④的
 汁液，移入冰箱冷藏，浸
 泡1～2天至入味。

GOOD IDEA

好吃秘诀

＊用冰开水将猪蹄冰镇至
 完全冷却，外皮才会有
 弹性，是重要的步骤。

＊建议选用猪后蹄卤制，
 因为猪后蹄肉少、胶质
 丰富，吃起来肉和筋紧
 实又富有弹性，特别美
 味。

◆糟卤鸡爪和鸡翅

卤制方式：**浸泡法**　浸泡时间：**1天**

材料▷

鸡翅6个、鸡爪6个、八角2粒、桂皮1片、葱段1小把

卤汁▷**糟卤2杯**

做法▷

① 锅中放入八角、桂皮、葱段和盖过食材的水，煮滚，放入鸡爪和鸡翅，煮滚后改中小火，盖上锅盖煮约20分钟，熄火。

② 取出鸡爪和鸡翅，立刻放入冰开水中泡凉，捞起沥干水。

③ 将鸡爪和鸡翅放入容器内，倒入糟卤，移入冰箱冷藏，浸泡1天至入味，取出后盛盘。

糟卤鸡冠

卤制方式：*浸泡法*　浸泡时间：*1天*

材料▷ 鸡冠4个、八角2粒、桂皮1片、葱段1把

卤汁▷ 糟卤1杯

做法▷

① 锅中放入八角、桂皮、葱段和盖过食材的水，煮滚，放入鸡冠，煮滚后改中小火，盖上锅盖煮约10分钟，熄火。

② 将鸡冠取出，立刻放入冰开水中泡凉，捞起沥干水。

③ 将鸡冠放入容器内，倒入糟卤，移入冰箱冷藏，浸泡1天至入味，取出后盛盘。

GOOD IDEA
好吃秘诀
鸡冠冷却后会富有弹性，很适合利用糟卤制作，建议选公鸡冠，肉较厚实。

糟卤小芋艿

卤制方式：*浸泡法*
浸泡时间：*4小时*

材料▷ 小芋艿8个、八角2粒

卤汁▷ 糟卤1杯

做法▷

① 锅中放入八角和盖过食材的水，煮滚，放入小芋艿，煮滚后改中小火，盖上锅盖煮约10分钟，熄火，取出沥干放凉。

② 将小芋艿放入容器内，倒入糟卤，浸泡4小时至入味。

林老师说食材

小芋艿就是小芋头，每年7~8月是产季，口感绵软，可红烧或蒸熟蘸蒜泥酱油食用。

糟卤花生

卤制方式：浸泡法
浸泡时间：2小时

材料▷ 花生150克、八角1粒

卤汁▷ 糟卤1杯

做法▷

① 花生洗净沥干水装入塑料袋中，放入冰箱冷冻室冷冻一夜。

② 锅中放入八角和盖过食材的水，煮滚，放入花生，煮滚后改中小火，盖上锅盖煮约50分钟至软，熄火，取出沥干放凉。

③ 将花生放入容器内，倒入糟卤，浸泡2小时至入味。

糟卤杏鲍菇和茭白

卤制方式：浸泡法　浸泡时间：2小时

材料▷

杏鲍菇225克、茭白150克、八角2粒

卤汁▷ 糟卤2杯

做法▷

① 锅中放入八角和盖过食材的水，煮滚，放入杏鲍菇和茭白，煮滚后改中火，盖上锅盖煮约5分钟，熄火，取出沥干放凉。

② 将做法①的食材放入容器内，倒入糟卤，浸泡2小时至入味。

好吃秘诀 GOOD IDEA

杏鲍菇挑选个头较小的，更容易浸泡入味。

第四篇

好吃下饭的卤菜

既是卤味也是菜，都是利用酱油，
用长时间慢慢炖制出的好滋味

卤菜好吃的诀窍

只要慎选食材，处理好后放入锅中慢炖，就能轻松做出一锅香气四溢、让人食指大动的卤菜！

适合做卤菜的食材

卤菜需要长时间以小火慢炖，让卤汁能充分地把食材炖煮到入味的地步，因此，在食材的选购上应以久炖且不易软烂变形的为主。

● 肉类

选购带有适当油脂的肉品，因为有油脂的肉块能起润滑口感的作用，炖卤之后吃起来不会太过干涩。通常大都会选择肥瘦均匀的五花肉，挑选的时候以2：3的肥瘦比例为好，既有油脂提供吃时的好口感又不至于让整锅炖卤菜过于油腻。其他如猪蹄、蹄髈、大小肠也是做卤菜的常见选择。

● 豆腐类

包含板豆腐、臭豆腐、油豆腐等，因为炖卤过后不会散烂，口感也不会改变太多，所以很适合用在卤菜中。大部分豆腐本身没有强烈的味道（臭豆腐除外），内部含水量多，质地松软容易吸汤汁，在卤菜中常常是不可缺少的配菜。

● 海鲜类

中式卤菜通常很少利用海鲜作为炖卤的主体食材，一来因为海鲜经过久煮后，肉质变得比较硬涩，二来因为久煮会把整个儿的海鲜煮散，反而不方便食用。所以选用海鲜，就要挑鱼皮、干鱿鱼、虾米等干货，可用其鲜味作为点缀性配角为美味加分。

● 蔬菜类

以根茎类或瓜类等耐煮且不易变色的蔬菜最为适合，例如：胡萝卜、白萝卜、马铃薯、芋头、苦瓜、竹笋、冬瓜等，都是耐久煮且不易变色的蔬菜。而菇类也是属于耐久煮且易吸收汤汁的食材，例如：香菇、杏鲍菇、金针菇等。至于其他的蔬菜则以卷心菜、大白菜最能适应卤菜久煮的风味。像青江菜、莜麦菜之类的绿色叶菜，因久煮后容易变色，就不适合作为卤菜的食材。若想要在料理中多份绿色来增加配色，可在炖卤完成后，再放入这些叶菜作为盘饰。

卤菜三大必备调味料

●酱油

是中式卤菜主要的调味料之一，是咸度、色泽的主要来源。挑选上建议以玻璃瓶装、纯手工酿造的酱油为佳，不仅豆香味足够，也具有越炖香味越沉的效果，并且在料理完成后，能将颜色附着在食材上面。记得开封后要放冰箱冷藏保存。

●米酒

具有去腥提味的功能，也能让卤汁散发酒香气。米酒也可以更换成绍兴酒、红露酒等，做出酒味不同的料理。

●冰糖

糖能调整中和酱油的咸味，提升香气，让菜肴更顺口。选用冰糖除了因为冰糖的甜味温和，一般不会抢夺食材的原味外，还因为冰糖可让卤菜色泽光亮。但若把冰糖更换成二砂糖或细砂糖也是可以的。

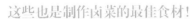

这些也是制作卤菜的最佳食材！

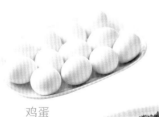

鸡蛋

鸭血

笋丝

海带

花生

米血糕

肉类

妈妈封肉

分量：6人份　卤制火候：**中小火**　加盖：○
卤制时间：**50分钟**　浸泡时间：无

材料

五花肉（或梅花肉）600克、白煮蛋6个、蒜苗6根、八角2粒

调味料

酱油1杯、水8杯

做法

1. 五花肉切大块；蒜苗取梗部，切3厘米长的段，备用。

2. 锅中放入调味料和八角煮滚，放入五花肉、白煮蛋，煮滚后改中小火，盖上锅盖卤约50分钟，加入蒜苗段，继续煮至熟软即可。

好吃秘诀

卤肉时林老师习惯把肉直接放入锅中和调味料一起炖煮，可让肉的鲜甜味保留在卤汁中。

林老师说卤菜

印象中小时候，年夜饭妈妈一定会烧这道封肉，也会放入卤蛋一起炖卤，肉软烂、蒜苗入口即化、汤汁拌饭……在那些个艰难的年代，简直是人间美味！

 无水卤肉

分量：**4人份**

卤制火候：**中小火**　加盖：○

卤制时间：**40分钟**　浸泡时间：无

材料　五花肉600克、大蒜10瓣

调味料

健淳薄盐酱油1杯、绍兴酒2杯、冰糖2大匙

林老师说材料

做这道料理一定要用健淳薄盐酱油。它是由屏东科技大学教授研发，以古法酿造的天然酱油，用它卤出来的卤菜色泽与味道都超级棒。可在网络上购买健淳薄盐酱油。

焢肉

分量：4人份　卤制火候：小火　加盖：○
卤制时间：1小时　浸泡时间：无

材料 带皮五花肉600克、八角1粒、油葱酥1大匙

调味料

米酒半杯、酱油半杯、水2杯半、冰糖2大匙

做法

① 五花肉切长方厚片，备用。

② 取一深锅，加入调味料、八角和油葱酥拌匀煮滚，放入五花肉片，煮滚后改小火，盖上锅盖卤约1小时至熟软入味即可。

好吃秘诀

＊ 焢肉好吃的秘诀："少着水、慢着火，火候足时它自美。"意思是只用少少的水，用小火煨，且卤煮的时间足够就会成功。

＊ 五花肉不要切太薄，因卤制过后会缩水，太薄会少了咬劲与口感。

做法

① 五花肉切大块，大蒜剥去外膜。

② 锅中放入五花肉、大蒜和调味料煮滚，改中小火，盖上锅盖卤约40分钟（中间要翻动一次）即可。

林老师说卤菜

日前在明新科技大学吃到助教卤的猪蹄，惊讶色泽与口味超级无敌，原来是她妈妈的家传私房味。只用酱油、酒和冰糖卤制，这一锅油亮油亮的卤肉，叫人齿颊留香、吮指回味！

◆ 肉臊

分量：10人份　卤制火候：小火　加盖：〇
卤制时间：1小时30分钟　浸泡时间：无

材料▷

胛心粗绞肉600克、猪颈肉600克、猪皮300克、油葱酥4大匙、大蒜酥1大匙、八角2粒

调味料▷

A 壶底油半杯

B 米酒2大匙、壶底油半杯、冰糖1大匙、水3杯

做法

1. 猪颈肉和猪皮分别放入滚水中氽烫，捞起用冷水漂凉，先切条再切成小丁。

2. 起油锅，加入3大匙油（分量外），放入绞肉、猪颈肉以小火拌炒至肉颜色转白，再加入猪皮拌炒均匀，加入半杯壶底油炒至上色，再加入油葱酥、大蒜酥炒匀备用。

3. 取一深锅，放入做法2炒好的材料，加入八角、调味料B煮滚后改小火，盖上锅盖焖卤约1小时30分钟即可。

好吃秘诀

* 真正好吃的肉臊应选用猪颈肉，因其胶质多、油脂多。买不到猪颈肉可用五花肉取代。

* 肉臊好吃的"秘密武器"是猪皮，猪皮熬煮出的浓浓的胶质，吃在嘴里有黏黏的口感。

* 要先加酱油炒至上色，这也是好吃的秘诀。

外婆卤蹄髈

分量：10人份　卤制火候：中小火　加盖：○
卤制时间：1小时30分钟　浸泡时间：无

材料▷

蹄髈1个、八角2粒、葱段2节、
姜6片、大蒜12瓣

调味料▷

老抽半杯、黑豆酱油1杯、白荫油
半杯、水8杯、冰糖4大匙

做法▷

① 蹄髈放入滚水中汆烫，捞起洗净备用。

② 锅中加入蹄髈、八角、葱段、姜片、大蒜及调味料煮滚，改中小火，盖上锅盖炖卤1小时30分钟即可。

好吃秘诀

GOOD IDEA

这道菜最特殊之处在于用了三种酱油，让卤出来的蹄髈味道更有层次。

可乐猪蹄

分量：4人份
卤制火候：中小火　加盖：○
卤制时间：1小时30分钟
浸泡时间：无

材料

猪前蹄1只、苹果1个、姜6片

调味料

酱油1杯、可乐6杯

做法

① 猪蹄剁大块，放入滚水中氽烫，捞起沥干水，拔除细毛后洗净；苹果去核后连皮切大块，备用。

② 取一深锅，放入猪蹄、苹果、姜片及调味料煮滚，改中小火，盖上锅盖焖卤约1小时30分钟至熟软入味。

好吃秘诀
可乐带甜味，因此调味料中不需要加糖，可乐还能使猪蹄的外皮更有弹性，并达到去油腻的效果。

好吃秘诀
GOOD IDEA
卤猪蹄建议选前蹄，它的肉比较多；若喜欢吃薄皮带筋的就选后蹄。

◆蒜子烧猪蹄

分量：**4人份**　卤制火候：**中小火**　加盖：○

卤制时间：**1小时**　浸泡时间：**无**

材料▷ **猪前蹄1只、新蒜1碗、八角1粒**

调味料▷ **酱油2碗、冰糖2大匙、水10碗**

做法▷

① 猪蹄剁大块，放入滚水中氽烫，捞起沥干水，拔除细毛后洗净，备用。

② 大蒜一颗颗剥除外膜。

③ 取一深锅，放入酱油、冰糖、八角煮滚后，再放入猪蹄、大蒜和水，煮滚后改中小火，盖上锅盖卤约1小时至猪蹄软烂即可。

林老师说卤菜

大蒜与猪蹄搭配起来有独特的风味。记得公公生前，每年农历年过后不久，就会问新蒜出来了吗，这时我就知道公公想吃蒜子烧猪蹄这道菜了。我永远忘不了他老人家边吃边点头微笑的情景。

大肉排卤酸菜

分量：4人份　卤制火候：中小火　加盖：○
卤制时间：20分钟　浸泡时间：无

材料

A　大肉排600克、甘薯粉半杯、香菜少许

B　酸菜600克、辣椒2根、蒜末2大匙

调味料

A　酱油6大匙、米酒2大匙、细砂糖2大匙、五香粉
　　1/2小匙、蒜泥1大匙、水6大匙、太白粉2大匙

B　酱油6大匙、二砂糖2大匙、水8杯

做法

1　大肉排用肉槌两面拍松，放入
　容器中，加入除太白粉外的调
　味料A拌匀后，加入太白粉再次
　拌匀，腌30分钟至入味，取出
　裹上薄薄的甘薯粉，放置5分钟
　至反潮。

2　起油锅，倒入适量油加热至油
　温160℃，放入肉排，以中小火
　炸至表面金黄，捞起沥干油，
　备用。

3　酸菜剥开，放入清水中反复洗
　净，挤干水再切丝；辣椒去蒂
　切圈，备用。

4　取一深锅，加入酸菜丝、辣椒
　圈、蒜末、调味料B和炸好的肉
　排，煮滚后改中小火，盖上锅
　盖卤约20分钟至熟软入味。

5　大碗中盛入适量熟白米饭，铺
　上肉排及少许酸菜丝，淋适量
　卤汁，放入香菜即可。

好吃秘诀

GOOD IDEA

＊ 将肉排用肉槌先拍松，以增加
　肉质的弹性。肉排先炸再卤，
　更能吸收卤汁。

＊ 所谓的反潮是指甘薯粉和食材
　结合，表面看着湿湿的，肉排
　和粉粘连得更牢靠，油炸的过
　程不会脱粉。

林老师说卤菜　此道菜即是铁路
盒饭的肉排菜
饭，卤入味的大
肉排美味可口。

好吃秘诀

GOOD IDEA

* 用棉绳把肉绑紧可防止肉松散，以葱垫底可增加香味及防止粘锅。
* 东坡肉好吃的秘诀在于少水、文火慢卤，才能使调味料完全渗入肉中，并品尝到入口即化的口感。
* 把青江菜烫熟一起食用，增加配色且解腻。

东坡肉

分量：4人份　卤制火候：文火　加盖：○

卤制时间：1小时40分钟　浸泡时间：无

材料▷

A 五花肉600克、葱300克、八角2粒、棉绳6根

B 青江菜适量

调味料▷

绍兴酒半杯、壶底油半杯、冰糖3大匙、水2杯

做法▷

① 五花肉切成小方块，以棉绳绑紧。

② 葱切半后垫于锅底，整齐放上五花肉块，放入八角和调味料，煮滚，改文火，盖上锅盖焖卤约1小时40分钟至熟软入味即可。

③ 青江菜洗净，放入加盐（分量外）的滚水中烫熟，放于东坡肉旁边。

油豆腐卤肉

分量：6人份　卤制火候：中小火　加盖：○

卤制时间：50分钟　浸泡时间：无

材料

五花肉600克、三角油豆腐300克、

八角1粒、草果1粒、干辣椒3根

调味料

酱油1杯、水5杯

做法

1. 五花肉切长方块；油豆腐洗净，备用。

2. 取一深锅，加入八角、草果、干辣椒和调味料煮滚，放入五花肉块、油豆腐，煮滚后改中小火，盖上锅盖焖卤50分钟至熟软入味即可。

荠蒿笋卤肉

分量：6人份　卤制火候：中小火　加盖：○
卤制时间：1小时　浸泡时间：无

材料

五花肉600克、荠蒿笋600克、大蒜5瓣、辣椒2根

调味料

酱油半杯、水4杯

做法

1. 五花肉切片；荠蒿笋洗净切大段；大蒜拍碎；辣椒切斜片，备用。

2. 取一深锅，加入调味料煮滚，放入蒜碎、辣椒片、荠蒿笋段和五花肉片，煮滚后改中小火，盖上锅盖卤1小时至熟软入味即可。

林老师说卤菜

阿里山荠蒿笋是不能错过的春令美食，它属于桂竹笋的一种，个头巨大，看似粗硬入口却脆嫩。

◆ 猪肉大根煮

分量：6人份
卤制火候：中小火
加盖：○
卤制时间：50分钟
浸泡时间：无

林老师说卤菜

大根即是白萝卜，大根是日本人的叫法。这道菜用猪肉的鲜融合萝卜的甜，绝对好滋好味！

材料

五花肉600克、白萝卜1个

调味料

酱油1杯、水6杯、冰糖1大匙

做法

① 五花肉切粗条状；白萝卜削皮后切粗条或滚刀块，备用。

② 取一深锅，加入调味料煮滚，放入五花肉和白萝卜，煮滚后改中小火，盖上锅盖卤约50分钟至白萝卜绵软即可。

血和内脏类

好吃秘诀

* 鸭血买回来须浸泡在水中，才不会干瘪。

* 卤鸭血时务必以小火卤制，否则质地容易变老硬，失去软嫩的口感。而且卤制的过程不要盖锅盖，盖锅盖鸭血会起蜂眼，口感变硬。

* 鸭血在卤之前要氽烫以去腥。

◆ 香辣鸭血

分量：4人份　卤制火候：小火　加盖：×
卤制时间：20分钟　浸泡时间：20分钟

材料

鸭血2块、干辣椒2根、花椒2大匙

调味料

油4大匙、辣豆瓣酱2大匙、高汤1500毫升、辣油2大匙、盐1小匙、二砂糖1大匙

做法

1. 鸭血切4等份，放入滚水中氽烫，捞起沥干水备用。

2. 锅中加入4大匙油烧热，放入花椒，以小火炒香，装入棉布袋备用。

3. 利用锅中余油炒香辣豆瓣酱，再加入高汤、干辣椒、花椒袋及其余调味料，以大火煮滚。

4. 放入鸭血，改小火炖煮20分钟，熄火，浸泡20分钟至入味即可盛盘。

卤猪肠

分量：10人份
卤制火候：中小火　加盖：○
卤制时间：1小时20分钟
浸泡时间：无

材料

A 猪大肠头4条、猪小肠600克

B 干辣椒1小把、八角3粒、草果2粒、葱段3节、姜6片

调味料

辣豆瓣酱2大匙、沙拉油2大匙、酱油1杯、二砂糖4大匙、水5杯、米酒半杯

做法

1 将大肠头和小肠先用清水洗净，用面粉及盐反复抓洗，反复冲水，直到没有黏液，分别放入滚水中汆烫后，捞起沥干水。

2 起油锅，加2大匙沙拉油，放入干辣椒、八角、草果、葱段、姜片和辣豆瓣酱，以小火炒香，再倒入深锅中。

3 深锅中加入酱油、二砂糖、水和米酒，放入猪大肠头、猪小肠，大火煮滚后改中小火，盖上锅盖卤1小时20分钟即可取出切小段。

豆腐和蛋类

◆ 焦糖卤豆腐

分量：4~6人份
卤制火候：小火　加盖：×
卤制时间：20分钟
浸泡时间：20分钟

材料

板豆腐4~6方块、姜6片、八角3粒、桂皮1片、干香菇3朵（泡水，撕小片）

调味料

香油2大匙、二砂糖2大匙、酱油100毫升、米酒100毫升、五香粉1/2小匙、白胡椒粉1小匙、水500毫升

做法

① 起油锅，倒入2大匙香油，放入姜片、八角和桂皮，以小火炒香，再放入香菇，继续炒香，移至锅边。

② 放入二砂糖以小火炒熔化，至冒小泡泡、起浓烟时倒入酱油、米酒煮滚，再加入五香粉、白胡椒粉及水煮滚。

③ 放入板豆腐，煮滚后改小火，卤约20分钟，熄火，浸泡约20分钟至入味即可。

好吃秘诀 GOOD IDEA

卤豆腐时不盖锅盖，或锅盖不完全密盖，卤好的豆腐才不会起蜂眼。

辣味臭豆腐

分量：6人份　　卤制火候：小火　　加盖：✕
卤制时间：30分钟　　浸泡时间：半天或1夜

材料

传统臭豆腐6块、干辣椒2根、
花椒2大匙、蒜苗适量

调味料

油4大匙、辣豆瓣酱2大匙、高汤1500毫升、
辣油2大匙、盐1小匙、二砂糖1大匙

做法

1　锅中加入4大匙油烧热，放入花椒，以小火炒香，装入棉布袋备用。

2　利用锅中余油炒香辣豆瓣酱，再加入高汤、干辣椒、花椒袋及其余调味料，以大火煮滚。

3　放入臭豆腐，改小火炖煮30分钟，熄火，浸泡半天或一夜至入味，起锅前撒上蒜苗即可。

好吃秘诀

FOOD IDEA

＊ 不宜选购添加了化学成分制作的臭豆腐，其颜色白，没有臭味且质地较硬；传统臭豆腐颜色呈浅墨绿色，有臭豆腐独特的气味且质地较软。

＊ 烹煮时必须以小火熬煮，且不可盖锅盖，否则臭豆腐会起蜂眼，使组织变老、口感变差。

◆ 啤酒卤蛋

分量：6人份
卤制火候：小火　加盖：〇
卤制时间：30分钟
浸泡时间：无

材料

A　鸡蛋6个、啤酒1罐（330毫升）、姜4片、大蒜数瓣

B　干辣椒1小把、八角2粒、月桂叶2片

调味料

酱油1大匙、老抽（钜利酱油）2大匙、冰糖2大匙、盐1小匙

做法

1　鸡蛋放入锅中，倒入盖过鸡蛋的冷水，以中火煮滚后改小火，煮7分钟至熟，捞出冲冷水，再剥除外壳成白煮蛋备用。

2　用刀在白煮蛋上划刀纹。

3　将啤酒、姜片、大蒜及材料B放入锅中，加入鸡蛋、酱油、老抽及冰糖，以大火煮滚后转小火，盖上锅盖煮约30分钟，再加盐，转大火煮至收汁、微干，即可起锅。

蔬菜类

◆ 卷心菜封

分量：4人份　卤制火候：**中小火**　加盖：○
卤制时间：40分钟　浸泡时间：无

材料

卷心菜1棵、八角2粒

调味料

酱油1杯、冰糖1大匙、水6杯

做法

1. 卷心菜对剖两半备用。

2. 取一深锅，加入八角和调味料煮滚，再放入卷心菜，煮滚后改中小火，盖上锅盖焖卤约40分钟至熟软入味即可。

林老师说卤菜

封是"烃"的意思。客家人的卷心菜封，通常会以1只土鸡、1棵卷心菜用小火焖卤4~5小时至熟软入味，可同时享受到鲜甜的菜香及肉香。

◆ 日式卤海带

分量：**6人份** 卤制火候：**小火** 加盖：**○**

卤制时间：**1小时** 浸泡时间：**无**

材料 干海带3条

调味料

壶底油半杯、味霖半杯、水4杯、细砂糖4大匙

做法

① 干海带略为冲洗，直接剪成小片。

② 锅中放入调味料煮滚，再放入海带，煮滚
后改小火，盖上锅盖卤约1小时至汤汁收干
（中途需要翻面数次，以免粘锅）。

GOOD IDEA **好吃秘诀**

海带不要泡涨，直接用干海带卤制，这
样做的海带，尝起来又香又有咬劲，有
别于中式卤海带的软嫩口感。

林老师说食材

海带要选外观呈深墨绿
色、较厚、表面布满白色
粉末的。白色粉末是精
华，只需略冲一下即可，
千万别洗掉，这是鲜味的
来源。挑选时可轻拍白
粉，若容易拍散则表
示海带没有受潮。

冬瓜封

分量：6人份
卤制火候：中小火　加盖：○
卤制时间：1小时
浸泡时间：无

材料

冬瓜1200克、八角2粒

调味料

酱油半杯、冰糖2大匙、水5杯

做法

1. 冬瓜去皮及籽后切大块备用。

2. 取一深锅，加入八角和调味料煮滚，再放入冬瓜，煮滚后改中小火，盖上锅盖焖卤约1小时至熟软入味即可。

GOOD IDEA
好吃秘诀

冬瓜本身没有鲜味，可再放入一大块炸过的五花肉一起焖煮，使肉的鲜味与冬瓜融合，让冬瓜吸足肉的鲜甜，即可尝到入口即化的美味。

好吃秘诀

* 白菜卤中添加酥脆的蛋酥，可增添香味。炸蛋酥时，将蛋液从漏勺流入热油中炸酥黄。

* 太白粉水中的太白粉和水的比例是1:3，1大匙粉、3大匙水。

白菜卤

分量：6人份

卤制火候：文火　　加盖：○

卤制时间：20分钟　　浸泡时间：无

材料

大白菜1棵、干香菇2朵、虾米2大匙、鱼皮150克、蛋1个、香菜适量

调味料

A 酱油2大匙、盐1/2小匙、鸡精1大匙、白胡椒粉1/3小匙

B 太白粉水适量、香油1大匙

做法

1. 大白菜对剖两半，再撕成片状；干香菇泡软后切丝；虾米泡软；鱼皮切小段，备用。

2. 蛋打散，通过漏勺流入约180℃的油锅中，以大火炸至酥黄后捞出备用。

3. 起油锅，加入3大匙油（分量外），放入香菇丝、虾米，以中火炒香，再放入大白菜炒软，加入鱼皮、蛋酥及调味料A一起拌煮至菜汁滚后改文火，盖上锅盖继续焖卤约20分钟至大白菜熟软入味。

4. 加入太白粉水勾薄芡，起锅前滴入香油，撒上香菜。

卤白萝卜

分量：4人份　卤制火候：中小火　加盖：○
卤制时间：20~30分钟　浸泡时间：无

材料

猪大骨1根、白萝卜1大个、小葱2根
（切葱花）

调味料

白荫油4大匙、盐1大匙

做法

1. 猪大骨洗净沥干水，放入180℃的油锅中，以中大火炸至外观微黄，或放入220℃的烤箱中，烤约30分钟，直至外观呈金黄色。

2. 取大汤锅，加入2000毫升水，放入做法1的猪大骨，煮滚后改中小火，盖上锅盖熬煮至汤汁呈乳白色。

3. 白萝卜去皮后切成大块，放入汤锅中，加入调味料，煮滚，盖上锅盖继续焖煮20～30分钟，至白萝卜绵软呈琥珀色即可。

4. 取出后盛盘，撒上少许葱花即可。

好吃秘诀

熬汤前猪大骨先炸过或烤过，是为了让熬煮出的高汤味道浓郁，呈现乳白色。炖煮的过程，白萝卜吸足大骨汤的香浓汤汁，分外绵软鲜甜。

林老师说卤菜

卤白萝卜是我在湖南吃到的菜肴，一大锅上桌，马上被大伙一扫而空。因此特别向师傅询问做法，回来立刻照着做，果然美味极了。利用盛产白萝卜的季节制作，特别好吃。

作 者

林美慧

　　生长于民风淳朴的台湾云林。从小就喜爱美食，更爱亲自下厨，对于好吃的料理一定会牢记在心并学习制作，更喜欢不断地研发、设计新颖的菜谱与大家分享。

　　从事烹饪教学数十年，认真与平易近人的形象广受学生欢迎。由于其不藏私的个性，更培养出无数料理高手。

　　毕业于铭传商专设计科，相当重视菜肴的色彩搭配，做出来的料理既美丽又好吃，是出版社编辑与摄影师最喜爱的专业食谱作者，更是传媒的宠儿，经常在电视、广播、网络直播上传授烹饪经验，为中华饮食文化的传承而努力。

【现任】
- 信义、中正、内湖社区大学烹饪讲师
- 明新科技大学餐旅系副教授
- 正声电台《四神汤》《快乐总铺师》来宾

【曾任】
- 德明财经科技大学（原德明商专）烹饪指导老师
- 台湾中视二台《新私房菜》节目主持人
- 台湾多家电视台《冰冰好料理》《吃饭皇帝大》《消费高手》《料理美食王》《食全食美》《健康新素派》等烹饪节目来宾及评审

【著作】
《台湾小吃教科书》《好吃又好做的异国料理》《美慧老师的快手电锅菜120》等110本食谱

著作权备案号：豫著许可备字-2019-A-0120

图书在版编目（CIP）数据

传香卤味教科书／林美慧著.—郑州：河南科学技术出版社，2021.4
ISBN 978-7-5725-0277-4

Ⅰ.①传… Ⅱ.①林… Ⅲ.卤制-菜谱 Ⅳ.①TS972.121

中国版本图书馆CIP数据核字（2021）第019014号

出版发行：河南科学技术出版社
　　　　　地址：郑州市郑东新区祥盛街27号　　邮编：450016
　　　　　电话：（0371）65737028　65788613
　　　　　网址：www.hnstp.cn
策划编辑：李　洁
责任编辑：李　洁
责任校对：金兰苹
封面设计：张　伟
责任印制：张艳芳
印　　刷：河南瑞之光印刷股份有限公司
经　　销：全国新华书店
开　　本：787 mm×1092 mm　1/16　　印张：10.5　　字数：250千字
版　　次：2021年4月第1版　　2021年4月第1次印刷
定　　价：68.00元